본 도서는 항균잉크로 인쇄하였습니다.

항균➕ 99%
안심도서

항균잉크의 특징

- 바이러스, 박테리아, 곰팡이 등에 항균효과가 있는 산화아연을 적용
- 산화아연은 한국의 식약처와 미국의 FDA에서 식품첨가물로 인증받아 **강력한 항균력**을 구현하는 소재
- 황색포도상구균과 대장균에 대한 테스트를 완료하여 **99%이상의 강력한 항균효과** 확인
- 잉크 내 중금속, 잔류성 오염물질 등 **유해 물질 저감**

TEST REPORT

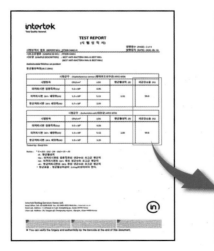

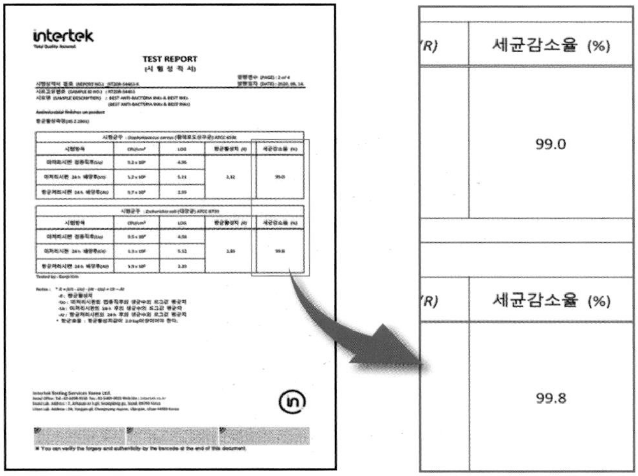

(R)	세균감소율 (%)
	99.0

(R)	세균감소율 (%)
	99.8

�˜€ 시대교육그룹

코로나19 바이러스
"친환경 99% 항균잉크 인쇄"
전격 도입

언제 끝날지 모를 코로나19 바이러스
99% 항균잉크를 도입하여 「안심도서」로
독자분들의 건강과 안전을 위해 노력하겠습니다.

반으로 자르면 나타나는
귀여운 초밥의 세계

꼬야의 캐릭터 초밥 아트

시대인

한국에서는 생소한 푸드 아트를 소개하고자 『꼬야의 캐릭터 푸드』를 출간한 지 벌써 2년이 흘렀습니다. 출간 이후 프로젝트, 전시회, SNS, 강의에서 만난 많은 독자분에게 꼬야의 캐릭터 푸드와 함께한 가슴 벅찬 이야기와 따뜻한 응원을 들을 수 있었는데요. 캐릭터 푸드로 아이의 편식을 고친 이야기, 소중한 사람을 위해 직접 만든 도시락으로 추억을 만든 이야기 등 어느 것 하나 놓칠 수 없이 특별한 사연들이었지만, 그중 가장 기억에 남았던 것은 저와 같이 푸드 아트에 흥미와 보람을 느껴 전문가가 되고자 도움을 요청하는 분들의 이야기였습니다.

저 역시 평범한 가정주부에서 푸드 아티스트가 되기까지 수많은 고민과 고비를 넘어왔기 때문에 남 일 같지 않았어요. 저를 일본 데코스시협회(日本 デコずし協会)의 한국인 최초 마스터로 만들어 주신 나까무라 미찌코(中村みちこ) 선생님과, 푸드 아트 전문가로 방황하던 제게 방향을 잡아주신 (전)종로요리학원 권귀숙 원장님, 일과 공부를 병행할 수 있게 끊임없는 자극과 비전을 제시해주신 김태순 학과장님 같은 주변 분들의 따뜻한 도움이 있었기에 지금까지 오게 되었는데요. 제가 도움을 받았던 것처럼 이 책 또한 푸드 아트 전문가의 길에 들어서는 누군가에게 도움이 되기를 바라며 집필했습니다.

처음 데코마끼스시(デコ巻きずし)를 접한 것은 10년 전 일본에서였어요. 데코마끼스시를 보자마자 한눈에 반해서 여기저기 발품을 팔아가며 원데이 클래스를 찾아다녔습니다. 처음에는 그저 만드는 과정이 재미있고 예쁜 결과물로 나오는 것이 신기했지만, 배우면 배울수록 나만의 작품을 만들고 싶어졌습니다. 하지만 체계적으로 배운 것이 아니었기 때문에 응용하기가 쉽지 않았어요. 그때 일본 데코스시협회와 데코마끼스시 자격증을 알게 되었고, 나까무라 미찌코 선생님을 만나 정식으로 배우면서 단순한 작품 완성을 넘어 나만의 특별한 작품을 만들 수 있게 되었습니다.

한국인 최초로 일본 데코스시협회의 마스터가 되어 한국에 돌아오자 많은 강의 요청이 들어왔지만, 선뜻 수락할 수는 없었어요. 캐릭터 초밥은 먹기 아까울 정도로 예쁘지만 그래도 음식이기 때문에 '어떻게 하면 더 예쁘고, 맛있게 만들 수 있을까?', '좀 더 영양을 더할 수는 없을까?', '한국식으로 변화를 주는 건 어떨까?' 하는 고민의 시간이 필요했습니다. 그렇게 끊임없이 연구하고 각계 선생님들께 자문하며 몇 년의 시간을 보냈습니다. 현재는 다양한 강의를 진행하고 자격증을 발급하며 이렇게 책도 쓰고 있지만, 여전히 제게 푸드 아트는 많은 화두를 던져주곤 합니다. 처음에는 푸드 아트를 가벼운 취미로 시작했지만, 본격적으로 배우면서 음식에 대한 소중함을 더욱 느끼게 되었습니다. 그래서 여전히 새로운 것을 배우고 시도하며, 끊임없이 고민하고 있답니다.

많은 사람이 푸드 아트는 손재주가 있어야 할 수 있다고 생각해요. 물론 손재주가 있으면 좀 더 개성 있는 캐릭터를 만들 수 있지만, 필수적인 조건은 아니에요. 캐릭터 초밥 아트는 초밥과 김을 분량에 맞게 나누고 재단하며, 속 재료들의 위치를 조정하는 기법만 알면 누구나 할 수 있답니다. 이 책은 캐릭터 초밥을 처음 만들어보는 분들도 쉽게 접근할 수 있도록 기본에 충실한 내용을 담았고, 친숙하고 귀여운 캐릭터를 사용했습니다. 또한, 저의 노하우를 바탕으로 한국의 맛과 문화, 스타일로 재해석한 캐릭터 초밥 아트 '데코마끼스시' 전문가 입문 과정에 초점을 두고 있습니다. 전문서인 동시에 입문서이기 때문에 책만 보고도 쉽게 이해할 수 있도록 사진과 설명을 상세하게 담았습니다. 작품을 하나하나 만들어보면서 캐릭터 초밥 아트의 원리를 터득하고, 나중에는 자신만의 작품을 만드는 전문가로 성장할 수 있을 것입니다.

마지막으로 아이 둘을 키우면서 동시에 나의 길을 갈 수 있도록 뒤에서 묵묵히 도와준 가족과 지인들에게 감사의 인사를 전하고 싶습니다. 엄마가, 아내가 만드는 음식에 눈·코·입을 붙여가며 함께 웃어준 가족들이 있었기에 제가 더 발전할 수 있었습니다. 캐릭터가 떠오르지 않을 때면 아이들의 상상력을 빌렸고, 몸과 마음이 지쳐갈 때면 남편이 제 옆을 든든하게 지켜주었습니다. 제가 좋아하는 일을 할 수 있도록 곁에서 응원해주고, 함께 고민해주는 가족과 친지, 지인분들께 이 자리를 빌려 항상 감사하고 사랑한다는 말을 전합니다. 그리고 하늘나라에서 제 책을 보고 계실 아빠, 제가 두 번째 책을 냈다는 사실에 좋아하실 모습이 눈에 선한데요. 저는 이렇게 잘살고 있으니 아빠도 걱정 없이 행복하게 계셨으면 좋겠습니다.

캐릭터 초밥을 만들 때는 항상 '쉽고 맛있게 만들자'는 마음으로 작업하는데요. 요리를 먹는 사람에게 기쁜 날에는 더욱 기쁨이 되고, 슬픈 날에는 위로가 되어주는 친구 같은 요리를 만들고 싶습니다. 평범한 일상 속 익숙한 것들을 통해 얻는 소중함, 그리고 그 안의 특별한 기쁨과 행복을 다들 느끼셨으면 좋겠습니다. 이 책이 어떤 분에게는 작은 즐거움이, 어떤 분에게는 삶의 힐링이, 그리고 어떤 분에게는 저에게 그랬던 것처럼 인생의 전환점이 되길 기원합니다.

꼬야 이연화

어떤 분에게는 작은 즐거움이,
어떤 분에게는 삶의 힐링이,
그리고 어떤 분에게는 저에게 그랬던 것처럼
인생의 전환점이 되길 기원합니다.

CONTENTS

PART 0
×
가이드

프롤로그 · 2

캐릭터 초밥이란? · 8

도구 & 재료 이야기 · 9
+ 도구
+ 재료

베이스 초밥 이야기 · 14
+ 밥 짓는 방법
+ 배합초 만들기
+ 초밥 만들기
+ 밥 계량 방법

색깔 초밥 이야기 · 18
+ 천연 가루로 색깔 배합초 만들기
+ 색깔 초밥 만들기
+ 다양한 방법으로 초밥에 색 입히기

김 & 초밥 이야기 · 26
+ 김 준비하기
+ 김발로 모양 만들기
+ 초밥 자르는 방법

데커레이션 이야기 · 32
+ 데커레이션 하기

캐릭터 초밥을 만들 때 주의사항 · 35
+ 손은 항상 청결하게
+ 조리도구의 세척과 살균
+ 초밥을 다루는 요령
+ 캐릭터 초밥 보관법

Q & A · 37

PART 1
×
초급

벚꽃 초밥 · 42

수박 초밥 · 46

당근 초밥 · 50

배추 초밥 · 54

파인애플 초밥 · 58

사과 초밥 · 62

바나나 초밥 · 66

롤리팝 초밥 · 70

막대사탕 초밥 · 74

트럭 초밥 · 78

얼굴 초밥 · 82

딸기 소녀 초밥 · 86

유령 초밥 · 90

펭귄 초밥 · 94

토토로 초밥 · 98

PART 2 × 중급		
곰돌이 초밥 ①	· 104	
곰돌이 초밥 ②	· 108	
웃는 얼굴 초밥	· 112	
민들레 초밥	· 116	
아기 돼지 초밥	· 120	
오리 초밥	· 124	
병아리 초밥	· 128	

구름 초밥	· 132
리본 초밥	· 136
와이셔츠 초밥	· 140
블라우스 초밥	· 144
눈사람 초밥	· 148
산타 초밥 ①	· 152
산타 초밥 ②	· 156

PART 3 × 고급		
기차 초밥	· 162	
자동차 초밥	· 166	
벚꽃나무 초밥	· 170	
맥주 초밥	· 174	
맥주 짠! 초밥	· 178	
올림머리 초밥	· 184	
보름달 토끼 초밥	· 188	

에디 초밥	· 192
미니언즈 초밥	· 196
스머프 초밥	· 200
캐릭터 캘리포니아롤	· 204
키티 캘리포니아롤	· 208

캐릭터 김밥 아트 민간자격증 · 212

캐릭터 초밥이란?

다양한 색감에 아기자기한 모양으로 많은 사람의 눈길을 사로잡고 있는 캐릭터 초밥은 일본에서 시작되었습니다. 캐릭터 초밥은 일본에서 '데코마끼스시(デコ巻きずし)'라는 이름으로 불리며, 따로 대회가 개최될 만큼 푸드아트의 한 분야를 차지하고 있습니다. 처음에는 단순한 취미 생활로 여겨졌지만, 지금은 일본을 넘어 전 세계 여러 나라에서 캐릭터 초밥을 만들고 있습니다. 이에 따라 일본에서는 전문강사를 양성하고자 일본 데코스시협회(日本デコずし協会)에서 대회를 주관하고 자격증을 발급하는 등 활발한 활동을 이어가고 있습니다. 한국에는 한국예술명인협회와 국제푸드아트협회에서 주관하고, 한국직업능력개발원에서 발급하는 '캐릭터 김밥 아트' 자격증이 있습니다.

우리가 알고 있는 일반적인 김밥은 참기름과 소금으로 밑간한 밥을 김 위에 편 다음, 속 재료를 넣고 돌돌 말아 만들지만, 캐릭터 초밥은 조금 다릅니다. 먼저 밥에 설탕과 식초, 소금을 섞어 만든 배합초를 넣어 초밥을 만듭니다. 그다음 초밥에 비트가루, 치자가루, 시금치가루 등 천연 가루를 넣어 물을 들이고 여러 음식 재료를 다져 넣어 맛과 영양을 더합니다. 이렇게 만든 다양한 색과 맛의 초밥을 크기와 모양을 다르게 하여 김으로 말고 위치를 조정해, 잘랐을 때 단면에 하나의 캐릭터가 나오도록 만드는 것이 캐릭터 초밥 아트입니다.

많은 사람이 캐릭터 초밥은 고급 기술이 필요하며, 손재주가 뛰어난 사람만이 할 수 있다고 생각하지만 실제로는 몇 가지 간단한 기술만 배우면 초등학생도 쉽게 만들 수 있습니다. 기본적인 도구 사용법은 물론 저만의 노하우까지 아낌없이 수록해 초보자도 전문가처럼 캐릭터 초밥을 완성할 수 있도록 도와드리겠습니다. 귀여운 캐릭터를 만드는 과정에서 즐거움을 느끼고, 미소 짓는 자신의 모습을 보며 힐링 하시길 바랍니다.

도구 & 재료 이야기

도구 캐릭터 초밥을 만들 때 사용하는 도구를 소개합니다. 여기에서 소개하는 도구는 가장 기본적인 것들이니 가급적 구비해두는 것이 좋으며, 이외에 다양한 도구를 추가로 사용해도 좋습니다.

전자저울
재료를 계량할 때 사용합니다. 캐릭터 초밥은 가장 먼저 초밥을 계량하는 것부터 시작합니다. 완성도 높은 캐릭터를 표현하기 위해서는 각 부분의 초밥을 정확히 계량해야 하기 때문이죠. 또한 캐릭터 초밥 외에 어떤 음식을 만들든지 간에 계량은 음식 맛의 아주 중요한 부분을 차지하므로, g 단위로 측정되는 전자저울을 구비해두는 것이 좋습니다.

칼
재료를 손질하거나 완성된 캐릭터 초밥을 자르는 데 사용합니다. 초밥을 자를 때는 칼날의 두께가 얇고 긴 것이 좋으며, 모양을 낼 때는 작은 과도를 사용하는 것이 좋습니다. 캐릭터 초밥은 일반적인 김밥과 달리 밥에 점성이 있는데, 이때 칼에 물을 살짝 묻혀 자르면 쉽게 자를 수 있습니다.

가위
재료를 자를 때 사용합니다. 큰 가위는 초밥 김을 자를 때 사용하고, 작은 가위는 김으로 눈, 코, 입, 수염 등을 오려 캐릭터 초밥을 꾸밀 때 사용합니다. 가위는 칼보다 오염에 취약하므로 사용 후 깨끗이 씻어 건조해두는 것이 좋습니다.

핀셋, 나무꼬치
핀셋은 캐릭터의 눈이나 볼터치와 같이 작은 재료를 집어서 꾸밀 때 사용합니다. 핀셋을 사용하면 손으로 집는 것보다 훨씬 편리하고, 위생적이며, 세밀한 표현을 할 수 있습니다.
나무꼬치는 핀셋으로 집기 어려울 정도로 작게 오린 김을 붙이거나 토마토케첩으로 볼터치를 찍을 때 주로 사용합니다. 나무꼬치로 김을 붙일 때는 뾰족한 부분에 물기를 살짝 묻혀 김을 찍듯이 집으면 원하는 위치에 쉽게 붙일 수 있습니다.

김발

캐릭터 초밥에 없어서는 안 되는 김발입니다. 초밥을 싸거나 모양을 잡을 때 주로 사용하며, 초밥을 자를 때도 사용합니다. 다양한 크기의 김발이 있지만 18cm×13cm의 미니 김발을 사용하면 조금 더 편리합니다. 김발을 사용할 때 는 초록색을 띤 면이 위를 향하게 두고 김이나 밥을 올립니다. 이때 김발의 실 매듭은 몸의 반대쪽에 두고 사용해야 초밥을 말 때 끈이 말려 들어가는 것 을 막을 수 있습니다. 사용한 김발은 수세미로 깨끗이 닦은 후 통풍이 잘되는 곳에 두어 완전히 말려야 오래 사용할 수 있습니다.

행주

행주는 젖은 행주 2개와 마른 행주 1개를 준비합니다. 젖은 행주 한 개는 캐 릭터 초밥을 자를 때 칼에 붙은 밥풀을 닦는 데 사용하고, 다른 한 개는 완성 된 캐릭터 초밥의 김이 말라 바삭해졌을 때 표면을 살짝 적셔 말랑하게 만드 는 데 사용합니다. 김이 바삭하게 마르면 잘랐을 때 예쁘게 잘리지 않으니 자 르기 전에 꼭 확인하는 것이 좋습니다. 마른 행주는 떨어진 김 부스러기 등을 닦거나 털어줄 때 사용합니다.

비닐장갑

개인 위생은 물론 편리하게 캐릭터 초밥을 만들 수 있는 도구입니다. 참기름 을 넣어 밑간하는 일반적인 김밥과는 달리 캐릭터 초밥은 배합초만 넣기 때 문에 밥에 점성이 많습니다. 맨손으로 만들면 손에 밥풀이 많이 달라붙어 불 편하지만, 비닐장갑을 사용하면 끈적임이 훨씬 덜해 만들기 수월합니다. 이때 비닐장갑은 두껍고, 한쪽 면에 오돌토돌한 무늬가 있는 것이 좋습니다.

도마 + 시트도마 or 자

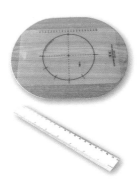

캐릭터 초밥을 만들 때, 아래에 깔아 김과 속 재료의 길이와 폭을 잴 때 사용 합니다. 김을 이어 붙여도 도마 바깥으로 삐져나가지 않는 넉넉한 사이즈의 도마를 준비하고 그 위에 눈금이 표시된 시트도마를 올려 사용하는 것을 추 천합니다. 캐릭터 초밥을 만들 때 재료의 길이와 폭은 완성작에 큰 영향을 미 치므로 가급적 책에 표시된 수치를 정확히 지키도록 합니다. 만약 눈금이 표 시된 시트도마가 없다면 자를 사용해 길이와 폭을 재도 좋습니다.

김펀치

캐릭터 초밥을 꾸밀 때 사용하는 도구입니다. 김펀치는 펀치 사이에 김을 넣고 눌러서 김을 자르는 도구인데, 캐릭터의 이목구비를 훨씬 깔끔하게 표현할 수 있습니다. 김펀치는 온라인이나 천원샵에서 구입할 수 있으며, 만약 김펀치가 없다면 김을 가위로 오려 사용해도 됩니다.

빨대

캐릭터 초밥을 꾸밀 때 사용하는 도구입니다. 지름 1cm, 0.7cm, 0.5cm 등 다양한 크기의 빨대를 사용하면 눈, 코, 입, 볼터치와 같은 얼굴 묘사는 물론 단추나 무늬도 표현할 수 있습니다. 빨대를 구부리거나 누르면 타원형, 삼각형, 물방울 모양도 만들 수 있습니다.

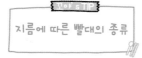

지름에 따른 빨대의 종류

지름	빨대	지름	빨대
1cm	슬러시용	0.7cm	일반 커피용
0.5cm	아이들 우유용	0.2cm	요구르트용

재료

캐릭터 초밥을 만들 때 주로 사용하는 재료입니다. 가장 기본이 되는 밥과 김은 제외했고, 제가 자주 사용하는 재료 위주로 수록했는데, 각자의 취향이나 냉장고 사정에 맞춰 얼마든지 변경해도 좋습니다. 여러 가지 색과 모양의 재료를 활용하면 더욱 다양한 캐릭터 초밥을 만들 수 있습니다.

달걀말이

달걀말이는 필요한 크기로 잘라서 사용하기도 하고, 잘게 다져서 초밥에 섞어 사용하기도 합니다. 달걀말이는 노란색을 나타내는 재료이기 때문에 오로지 달걀만 넣어 만들고, 일반적인 크기보다 두껍게 부치는 것이 중요합니다. 달걀말이를 만들기 전에 길이와 폭을 확인하면서 부치도록 합니다.

캐릭터 초밥에는 우리가 평소 반찬으로 먹는 달걀말이보다 부드러운 초밥용 달걀말이를 만들어 사용하는 것이 좋습니다. 달걀을 체에 한두 번 내려 알끈을 제거한 다음, 소금이 아닌 설탕과 맛술을 조금 넣으면 부드럽고 달짝지근한 달걀말이를 만들 수 있습니다. 여기에 쯔유나 다시마물(또는 우유)을 넣으면 달걀말이에 풍미를 더할 수도 있습니다.

15g
11cm

20g
10cm

20g
8cm

소시지

소시지는 브랜드에 따라 색과 지름, 길이가 전부 다릅니다. 특정 브랜드를 정해서 사용하기보다는 캐릭터의 모양과 색에 따라 다양하게 사용하는 것이 좋습니다.

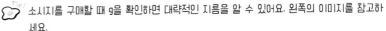

소시지를 구매할 때 g을 확인하면 대략적인 지름을 알 수 있어요. 왼쪽의 이미지를 참고하세요.

슬라이스 치즈

슬라이스 치즈는 반이나 3등분으로 접어 사용합니다. 또한 필요한 크기로 자르거나 빨대로 찍어 초밥을 꾸밀 때도 사용합니다. 노란색과 하얀색 슬라이스 치즈가 있으니 캐릭터에 어울리는 것을 골라서 사용하도록 합니다.

슬라이스 햄

슬라이스 햄은 돌돌 말기도 하고, 원하는 크기로 자르거나 접어서 사용하기도 합니다. 슬라이스 치즈와 마찬가지로 빨대로 찍어서 캐릭터 초밥을 꾸미는 용도로도 사용할 수 있습니다.

둥근 어묵 & 하얀 어묵

생선 살을 튀겨서 만든 어묵은 사용하기 전 끓는 물에 한 번 데친 다음 충분히 식혀 사용합니다. 이렇게 전처리를 하면 불필요한 기름도 제거하고, 어묵 특유의 잡내도 없앨 수 있습니다.

캐릭터 초밥에 사용되는 어묵은 둥근 어묵과 하얀 어묵입니다. 둥근 어묵의 경우 속이 비어 있어 손잡이의 형태를 만들 때 주로 사용하고, 하얀 어묵은 사람의 몸이나 자동차의 창문 등으로 많이 사용합니다.

오이

초록의 색감과 아삭한 식감을 주는 오이는 10cm 길이로 자른 다음, 소금을 뿌려 살짝 절여서 사용합니다. 절인 오이는 물기를 완전히 제거한 다음 사용해야 초밥이 질어지지 않습니다.

맛살 & 크래미

맛살과 크래미는 초밥에 넣어 맛을 내는 용도로 많이 사용합니다. 빨간색 껍질을 벗겨 빨간색과 하얀색으로 나눈 다음 잘게 찢거나 다져 사용하는데, 주로 하얀색 부분을 사용하는 경우가 많습니다. 맛살과 크래미, 둘 중 어느 것을 사용해도 상관은 없지만, 맛살보다는 크래미를 사용하는 것이 더욱 풍부한 맛을 낼 수 있습니다.

크래미의 모서리 부분을 살짝 눌러 빨간색 껍질을 벗겨 사용해요. 맛살의 경우도 동일해요.

우엉 조림

캐릭터 초밥에서 캐릭터의 눈이나 코를 표현할 때 많이 사용합니다. 시중에 판매되고 있는 김밥용 우엉 조림을 사용해도 되고, 직접 우엉을 조려서 만들어도 좋습니다.

간장 절임 단무지

우엉 조림과 마찬가지로 캐릭터의 눈이나 코를 표현하거나, 나뭇가지를 만들 때 사용합니다. 노란색의 일반 단무지는 잘게 다져 밥에 넣어 사용하는 방법밖에 없지만, 간장 절임 단무지는 꾸미는 용도로도 사용할 수 있어 사용 범위가 넓습니다. 또한 단무지의 새콤달콤한 맛과 간장의 짭조름한 맛이 입맛을 돋우기도 합니다.

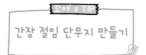

간장 20g, 배합초 25g, 물엿 40g, 물 30g을 넣고 섞은 절임장에 얇게 자른 단무지를 넣어 하루 이상 담가두면 완성이에요. 이때 절임장의 짠맛과 단맛은 취향에 따라 물과 물엿(설탕)으로 조절할 수 있어요.

베이스 초밥 이야기

캐릭터 초밥에서 가장 중요한 과정은 바로 '밥 짓기'입니다. 베이스가 되는 밥을 얼마나 잘 지었느냐에 따라 초밥의 퀄리티가 결정되기 때문이죠. 그렇다고 해서 특별하거나 고품질의 쌀을 사용할 필요는 없습니다. 우리가 집에서 늘 먹는 쌀을 사용하면 됩니다. 단, 밥을 지을 때 물 조절이 가장 중요하니 반드시 분량을 확인하면서 짓도록 합니다.

 Food Ingredients

생쌀 1공기, 물 1공기 (쌀 : 물 = 1 : 1)

 Basic Recipe

생쌀과 물을 준비합니다. 같은 용기에 쌀과 물을 담아 1 : 1 비율로 준비하면 됩니다.

 Tip! 초밥은 배합초를 넣어 섞기 때문에, 일반적인 밥을 지을 때보다 물을 조금 적게 넣어 된밥을 만드는 것이 좋아요.

생쌀을 깨끗이 씻은 후 물기를 완전히 없앤 다음, 1번에서 준비한 물을 붓습니다.

 Tip! 초밥을 만들 때는 쌀을 불리지 않고 바로 밥을 해요.

각자의 밥솥 사양에 맞춰 밥을 안치면 완성입니다.

배합초 만들기

밥과 함께 초밥에서 빠질 수 없는 배합초 만드는 방법을 소개합니다. 식초에 설탕과 소금을 넣으면 아주 간단하게 만들 수 있습니다. 직접 만드는 것이 번거롭다면 시중에 판매되는 초밥 소스를 사용해도 좋습니다.

 Food Ingredients

식초 3큰술, 설탕 2큰술, 소금 1작은술

 Basic Recipe

작은 냄비에 분량의 식초와 설탕, 소금을 넣고 섞습니다.

 개인의 취향에 따라 식초, 설탕, 소금의 양을 조절해도 좋아요.

냄비를 불에 올려 살짝 데우면서 설탕과 소금을 완전히 녹입니다.

완전히 녹인 다음, 충분히 식히면 배합초 완성입니다.

 배합초는 미리 만들어 밀봉한 뒤, 냉장고에 보관해두면 사용하기 편리해요.

초밥 만들기

맛있는 밥과 배합초를 만들었다면 이제 초밥을 만들어봅시다. 초밥은 액상으로 된 배합초를 사용하기 때문에 밥이 뜨거울 때 섞어야 밥알에 배합초가 잘 스며듭니다. 갓 지은 따뜻한 밥에 배합초를 넣고 주걱을 세워서 칼로 자르듯 섞은 뒤, 충분히 식히면 맛있는 초밥을 만들 수 있습니다.

 Food Ingredients

밥 600g, 배합초 60g (밥 : 배합초 = 10 : 1)

 Basic Recipe

전자저울에 빈 그릇을 올리고 영점을 맞춥니다.

갓 지은 따뜻한 밥을 600g으로 계량합니다.

넓은 볼에 밥을 얇게 폅니다.

배합초를 밥 위에 골고루 뿌립니다.

주걱을 세워 밥을 자르듯이 섞습니다. 뭉쳐있는 밥을 흩트리며 바닥에 고인 배합초가 밥알에 완전히 흡수되도록 뒤집어가며 섞습니다.

 밥을 너무 많이 뒤섞으면 밥이 떡처럼 끈적해져요. 점성이 생긴 밥은 김에 펴 바르기가 어려우니 너무 많이 뒤섞지는 마세요.

밥과 배합초가 잘 섞이면 초밥을 넓은 볼에 얇게 펴 충분히 식힙니다.

 바로 섞은 초밥은 너무 질어 사용하기 어려워요. 골고루 섞은 초밥을 충분히 식힌 후 사용해야 적당한 찰기로 밥이 잘 뭉쳐져요.

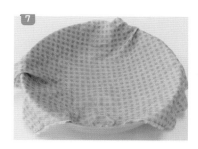

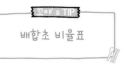

배합초 비율표

흰밥(g)	배합초(g)
150g	15g
300g	30g
600g	60g
900g	90g

충분히 식힌 초밥은 수분이 날아가지 않도록 젖은 면포나 랩으로 덮으면 완성입니다.

아이가 초밥을 먹지 않는다면?

간혹 초밥의 시큼한 맛을 싫어하는 아이들이 있어요. 그럴 때는 일반 김밥과 같이 참기름과 소금을 넣어 밑간해도 좋아요. 단, 밥에 기름이 많이 들어가면 김밥이 서로 붙지 않아 모양을 만들기 어려우니 참기름은 아주 소량만 넣어 만드세요.

 밥 계량 방법

보다 완벽한 캐릭터 초밥을 만들기 위해서는 초밥의 양을 정확히 계량하는 것이 중요합니다. 정해진 크기의 김에 밥을 얼마나 넣어 싸느냐에 따라 모양이 달라지기 때문입니다. 캐릭터 초밥을 성공적으로 만들고 싶다면 전자저울과 친해져야 합니다.

Basic Recipe

전자저울의 눈금을 '0'으로 맞춥니다.

레시피의 g에 따라 초밥을 적당량 덜어 무게를 측정합니다.

초밥을 말기 전에 정확하게 계량해 준비하면 완성입니다.

 계량한 초밥은 랩으로 덮어 수분이 날아가지 않게 하는 것이 좋아요.

색깔 초밥 이야기

초밥으로 캐릭터를 표현하기 위해서는 다양한 색이 필요합니다. 물론 검은쌀(검은색), 현미(갈색), 홍국쌀(분홍색) 등을 활용해서 색을 낼 수도 있지만 보다 다양한 색감을 위해서는 천연 가루를 사용하는 것이 좋습니다. 천연 가루는 인공색소보다 발색력은 낮지만, 특유의 은은한 색감을 가지고 있고 무엇보다 건강에 도움이 된다는 점에서 추천합니다.

ONE STEP TIP
가장 많이 사용하는
비트와 치자가루

+ 비트가루
비트가루를 사용하면 연한 분홍색부터 진한 자주색까지 다양한 색의 초밥을 만들 수 있어요. '빨간 무'라고 불리는 비트는 아삭한 식감과 풍부한 영양소를 가지고 있으며, 특유의 붉은 색으로 샐러드를 비롯한 다양한 요리에 사용돼요. 비트에 들어있는 '베타인betaine'이라는 성분은 토마토의 8배에 달하는 항산화 작용으로 암을 예방하고 폐렴 등의 염증을 완화하는 효과가 있어요.

+ 치자가루
치자가루를 사용하면 노란색 초밥을 만들 수 있어요. 치자열매는 열과 관련된 여러 가지 증상을 개선하는 한약재로 쓰이는데, 치자의 주성분인 '플라보노이드flavonoid'가 몸 안의 열을 다스려 진정효과를 일으키기 때문에 심신을 안정시키는 데 도움이 돼요.

• 색깔 배합초 만들기 : 치자초

볼에 배합초 20g과 치자가루 4g을 넣고 덩어리지지 않게 골고루 섞으면 완성입니다.

> Tip! 시간적 여유가 있다면 배합초와 치자가루를 덩어리만 풀어지도록 섞은 다음 밀봉해 냉장 보관하세요. 하루 이상 두면 가루가 자연스럽게 녹아 물감처럼 고운 치자초를 만들 수 있어요.

• 다양한 색깔 배합초 만들기

치자초와 같은 방법으로 다양한 색깔의 배합초를 만들어봅시다. 미리 만들어 준비해두면 언제든지 편하게 사용할 수 있습니다. 이때 통깨와 검은깨는 배합초와 섞는 것이 아니라, 곱게 갈아서 초밥에 섞어 사용하니 참고합니다.

색깔 배합초를 만들었으니 이번에는 초밥과 섞어 색깔 초밥을 만들어보도록 하겠습니다. 분량의 초밥에 색깔 배합초를 소량 넣어 골고루 섞으면 됩니다. 이때 밥알이 뭉개지면 초밥이 질어지니 뭉개지지 않도록 조심하면서 섞는 것이 가장 중요합니다.

초밥에 비트초를 소량 넣습니다.

배합초를 넣습니다. 배합초를 조금 더 넣으면 밥알에 색을 골고루 입힐 수 있습니다.

비닐장갑을 끼고 뭉친 밥알을 풀어주듯이 살살 섞어줍니다.

밥알에 색이 잘 입혀지면 완성입니다.

원하는 색감 만들기

초밥에 색깔 배합초를 얼마나 넣느냐에 따라 다양한 색감의 초밥을 만들 수 있어요. 비트초는 연분홍색에서 진분홍색까지, 치자초는 레몬색에서 개나리색까지, 청치자초는 하늘색부터 파란색까지 비율에 따라 다양한 색을 표현할 수 있답니다. 또한 비트초와 치자초를 섞으면 주황색도 만들 수 있어요.
이처럼 마치 물감에 물을 섞어 농도를 조절하듯 색깔 초밥을 만들어보세요. 이때, 한 번에 너무 많은 양의 색깔 배합초를 넣기보다는 조금씩 넣으면서 점점 진하게 색을 만드는 것이 포인트랍니다.

다양한 방법으로 초밥에 색 입히기

예쁘기만하고 맛이 없거나 영양가가 떨어진다면 캐릭터 초밥을 만들 이유가 없습니다. 이번에는 다양한 재료를 넣고 섞어, 색깔도 예쁘고 맛과 건강을 더하는 방법을 소개합니다. 초밥에 색을 입힐 때 **배합초나 마요네즈, 참기름** 등을 소량 첨가해 만들면, 밥알이 코팅되면서 색이 골고루 물들어 더욱 완성도를 높일 수 있습니다. 잘 보고 따라 하다가 나중에는 각자의 취향에 맞는 재료를 더해도 좋습니다.

• 하얀색 : 크래미 초생강 초밥

초밥 60g + 다진 하얀색 크래미 40g + 다진 초생강 5g을 준비합니다.

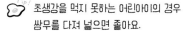
초생강을 먹지 못하는 어린아이의 경우 쌈무를 다져 넣으면 좋아요.

초밥에 모든 재료를 넣고 밥알이 으깨지지 않도록 조심하면서 섞습니다.

각각의 재료가 골고루 섞이면 하얀색의 맛과 영양이 풍부한 크래미 초생강 초밥이 완성입니다.

• 노란색 : 달걀 단무지 초밥

초밥 60g + 다진 달걀말이 20g + 다진 단무지 10g + 치자초 소량을 준비합니다.

초밥에 모든 재료를 넣고 밥알이 으깨지지 않도록 조심하면서 섞습니다.

각각의 재료가 골고루 섞이면 노란색의 맛과 영양이 풍부한 달걀 단무지 초밥이 완성입니다.

• 분홍색 : 크래미 쌈무 초밥

초밥 60g + 다진 하얀색 크래미 30g + 다진 쌈무 10g + 다진 초생강 5g + 비트초 소량을 준비합니다.

초밥에 모든 재료를 넣고 밥알이 으깨지지 않도록 조심하면서 섞습니다.

각각의 재료가 골고루 섞이면 분홍색의 맛과 영양이 풍부한 크래미 쌈무 초밥이 완성입니다.

• 빨간색 : 날치알 초생강 초밥

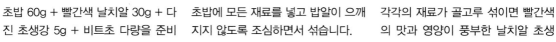

초밥 60g + 빨간색 날치알 30g + 다진 초생강 5g + 비트초 다량을 준비합니다.

초밥에 모든 재료를 넣고 밥알이 으깨지지 않도록 조심하면서 섞습니다.

각각의 재료가 골고루 섞이면 빨간색의 맛과 영양이 풍부한 날치알 초생강 초밥이 완성입니다.

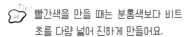 _Tip!_ 빨간색을 만들 때는 분홍색보다 비트초를 다량 넣어 진하게 만들어요.

• 주황색 : 날치알 초밥

초밥 40g + 빨간색 날치알 30g + 치 자초 소량을 준비합니다.

초밥에 모든 재료를 넣고 밥알이 으깨 지지 않도록 조심하면서 섞습니다.

각각의 재료가 골고루 섞이면 주황색 의 맛과 영양이 풍부한 날치알 초밥 이 완성입니다.

 빨간색 날치알이 없다면 비트초와 치자초를 섞어 주황색으로 만들어주세요.

날치알의 비린 맛이 강할 때는 마요네즈를 소량 넣어주세요. 마요네즈가 비린 맛을 잡아줌은 물론 고소함을 더해준답니다.

• 초록색 : 파래 시금치 초밥

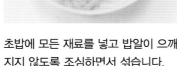

초밥 60g + 다진 하얀색 크래미 30g + 파래김가루 5g + 시금치초 소량 + 마요네즈 소량을 준비합니다.

초밥에 모든 재료를 넣고 밥알이 으깨 지지 않도록 조심하면서 섞습니다.

각각의 재료가 골고루 섞이면 초록색 의 맛과 영양이 풍부한 파래 시금치 초밥이 완성입니다.

• 파란색 : 크래미 청치자 초밥

초밥 60g + 다진 하얀색 크래미 30g + 다진 쌈무 10g + 청치자초 소량을 준비합니다.

💭 파란색은 식욕을 돋우는 색감이 아니므로 청치자초는 아주 소량만 섞어주세요.

초밥에 모든 재료를 넣고 밥알이 으깨지지 않도록 조심하면서 섞습니다.

각각의 재료가 골고루 섞이면 파란색의 맛과 영양이 풍부한 크래미 청치자 초밥이 완성입니다.

• 갈색 : 현미 통깨 밥

현미밥 60g + 통깨가루 15g + 가쓰오부시가루 5g + 마요네즈 소량을 준비합니다.

 현미밥을 지을 때 찰현미를 조금 섞으면 훨씬 부드럽고 맛있어요.

 찰현미밥에 배합초를 섞으면 너무 질어져 캐릭터 초밥을 만들기가 불편하니, 수분이 있는 식재료를 다져 넣기보다는 통깨가루의 양을 늘리거나 가쓰오부시가루를 더 넣어주는 것이 좋아요.

현미밥에 모든 재료를 넣고 밥알이 으깨지지 않도록 조심하면서 섞습니다.

각각의 재료가 골고루 섞이면 갈색의 맛과 영양이 풍부한 현미 통깨 밥이 완성입니다.

• 검은색 : 흑미 김가루 밥

흑미밥 60g + 검은깨가루 15g + 김가루 10g + 참기름 소량을 준비합니다.

흑미밥에 모든 재료를 넣고 밥알이 으깨지지 않도록 조심하면서 섞습니다.

각각의 재료가 골고루 섞이면 검은색의 맛과 영양이 풍부한 흑미 김가루 밥이 완성입니다.

 흑미밥에 배합초를 섞으면 너무 질어져 캐릭터 초밥을 만들기가 불편하니, 수분이 있는 식재료를 다져 넣기보다는 검은깨가루의 양을 늘리거나 김가루를 더 넣어주는 것이 좋아요.

쿠야's TIP
다양한 색감을 내기 위한
식재료

빨강	주황	노랑	초록	분홍	하양	검정
빨강파프리카	당근	달걀지단	오이	분홍소시지	하얀색 치즈	김
방울토마토	주황파프리카	노랑파프리카	브로콜리	슬라이스 햄	삶은 달걀흰자	검은깨가루
게맛살 (빨간색 부분)	단호박가루	삶은 달걀노른자	치커리	비엔나소시지	게맛살 (하얀색 부분)	
토마토케첩		노란색 치즈	파래김가루		마요네즈	
빨간색 날치알		노란색 날치알				
비트가루		치자가루				

캐릭터 초밥은 예쁜 모양을 만들기 전에 맛과 영양을 가장 먼저 고려해야해요.
색감은 유지하되 식감과 영양을 살릴 수 있는 재료를 찾아 다양하게 응용해보세요.

김 & 초밥 이야기

캐릭터 초밥을 만들 때는 두꺼운 김을 사용하는 것이 좋습니다. 그렇다고 해서 특별한 초밥용 김이 필요한 것은 아니고 시중에 판매하고 있는 김밥용 김을 사용하면 됩니다.

캐릭터 초밥에 사용하는 김의 크기는 보통 세로 21cm, 가로 19cm의 김입니다.
이 사이즈를 그대로 사용하는 것이 아니라, 반을 잘라서 사용하는데, 반으로 자른 김을 캐릭터 초밥에서는 '김 1장'이라고 표현합니다.

앞면

뒷면

김에는 앞뒤의 구분이 있습니다. 앞면은 반들반들하고 광택이 있으며, 뒷면은 광택이 없고 거칠거칠합니다. 초밥을 만들 때는 김의 거친 뒷면을 위로 향하게 놓고 사용해야 하는데, 표면이 거칠어야 밥알이 김에 잘 달라붙기 때문입니다.

• 김 재단하기

김은 밥의 용량에 맞는 크기로 잘라 준비해야 합니다. 김을 자를 때는 반으로 접어서 손으로 찢거나, 가위를 사용해 자르면 간단하게 준비할 수 있습니다. 김의 크기를 확인하고 미리 준비해두면 캐릭터 초밥을 만드는 일이 훨씬 수월해집니다.

• 김 연장하기

캐릭터 초밥이 두꺼워서 김 1장으로 초밥을 전부 감싸지 못할 때는 김 1장과 1/3 김을 이어 붙이면 됩니다. 김 1장의 끝부분에 밥풀을 두어 개 붙이고 투명하게 뭉갠 다음, 1/3 김을 1cm 정도 겹쳐 붙이면 간단하게 길이를 연장할 수 있습니다.

• 김에 고르게 밥 펴기

초밥은 참기름과 소금이 들어가는 우리나라 김밥과는 다르게 식초와 설탕을 섞은 배합초가 들어가기 때문에 많이 끈적입니다. 그래서 김에 초밥을 펴는 것에도 요령이 필요합니다. 밥을 눌러서 밀어주는 것이 아니라 조금씩 집어서 옮겨준다고 생각하면서 밥을 고르게 폅니다.

김에 초밥을 올립니다. 이때 덩어리째 올리지 말고 골고루 분배해서 올립니다.

뭉쳐있는 초밥을 손으로 집어 옮기면서 얇게 폅니다. 이때 손으로 밥알을 뭉개지 않도록 조심하고, 균일하게 펴줍니다.

초밥이 김 밖으로 삐져나가지 않도록 안쪽에 골고루 펴주면 완성입니다.

• 초밥 마무리하기

돌돌 만 초밥을 그냥 두면 끝부분이 풀어질 수밖에 없습니다. 김이 풀어진다면 김의 끝부분에 밥풀 하나를 붙인 다음 손으로 뭉개 투명하게 펴 바른 뒤 붙이면 깔끔하게 마무리할 수 있습니다.

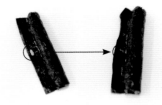

Tip! 밥풀은 꼭 '투명하게' 뭉갠 다음 붙여야 김이 들뜨지 않고 딱 붙어요.

김발은 캐릭터 초밥의 모양을 잡는 데 필수 도구입니다. 김발을 사용하면 한번 말아놓은 초밥을 여러 모양으로 변형시키거나 캐릭터의 형태를 더욱 선명하게 만들 수 있습니다. 여기서는 책에서 가장 많이 사용된 몇 가지 모양을 만들어보도록 하겠습니다.

• 삼각형

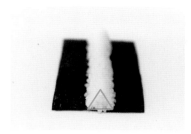 

김 한가운데에 초밥을 산 모양으로 올리고 김을 말아준 다음, 김발로 감싸 삼각형을 만듭니다. 그다음 삼각형의 꼭짓점이 되는 부분을 꼬집듯이 집어 모서리를 살려주면 완성입니다.

• 사각형

김 한가운데에 초밥을 네모나게 올리고 김을 말아준 다음, 김발로 감싸 사각형을 만듭니다. 그다음 사각형의 직각이 되는 부분을 꼬집듯이 집어 모서리를 살려주면 완성입니다.

• 물방울 모양

김에 초밥을 반만 펼친 후 김을 반으로 접어줍니다. 그다음 김발로 감싸고 한쪽으로 당겨 누르면 완성입니다.

• U자 모양

• 배추 모양(배추 초밥 p.54)

손바닥 위에 김발을 놓고 초밥을 올린 다음, 손바닥과 손가락을 이용해 U자로 만들면 완성입니다.

U자 모양으로 만든 초밥에서 손가락 끝에 힘을 주어, 3/4 지점을 오목하게 만들면 완성입니다.

• 반달 모양

• 오리 몸통 모양(오리 초밥 p.124)

초밥을 둥글게 올리고 김으로 감싼 다음, 김발을 이용해 바닥으로 당겨 누르면 완성입니다.

반달 모양으로 만든 초밥을 김발로 감싸고, 한쪽을 꼬집어 뾰족한 꼬리 모양을 만들면 완성입니다.

• 자동차 모양(자동차 초밥 p.166)

초밥을 김으로 말고 김발로 감싸 각진 부분을 꾹 눌러 모양을 잡아주면 완성입니다.

초밥 자르는 방법

캐릭터 초밥은 단면에 모양이 나오기 때문에 자르는 방법이 아주 중요합니다. 일반적인 김밥을 자르듯이 손으로 잡고 누르면 모양이 변형되어 완성도가 떨어지므로 캐릭터 초밥 위에 김발을 올리고 모양이 흐트러지지 않도록 주의하면서 자르도록 합니다.

초밥을 일정한 간격으로 자르기 위해 김발을 덮기 전 칼집을 내줍니다.

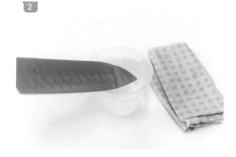

칼에 물을 묻힙니다. 이렇게 물기가 있으면 초밥을 매끄럽게 자를 수 있습니다.

김발 위로 초밥을 잡고 조심히 자릅니다. 이때 손에 힘을 줘 초밥을 누르지 않는 게 중요합니다.

젖은 행주로 밥풀이 붙은 칼을 닦습니다. 칼에 밥풀이 붙지 않아도 중간중간 칼을 닦아 끈적임을 없애는 것이 좋습니다.

다시 칼에 물을 묻혀 초밥을 자릅니다. 초밥을 한 개씩 자를 때마다 반복해서 칼을 닦고, 물을 묻히면 깔끔하게 캐릭터 초밥을 자를 수 있습니다.

데커레이션 이야기

데커레이션 하기

캐릭터 초밥의 완성은 데커레이션에 있습니다. 초밥을 예쁘게 물들여서 모양을 만들고 깔끔하게 잘랐어도, 눈·코·입을 붙였는지 볼터치를 칠했는지에 따라 다양한 느낌의 캐릭터를 만들 수 있습니다. 지금부터 캐릭터 초밥에 생명을 불어넣어 보도록 하겠습니다.

• 김으로 눈·코·입 만들기

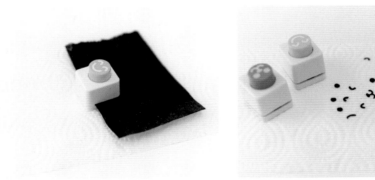

이목구비를 만드는 가장 쉬운 방법은 김펀치를 사용하는 것입니다. 바닥에 키친타월을 깔고 펀치 사이에 김을 끼운 다음 누르면 쉽게 눈·코·입을 만들 수 있습니다. 김펀치는 온라인 사이트나 천원샵에서 쉽게 구입할 수 있습니다.

Tip! 김펀치가 없다면 작은 가위로 김을 오려 사용하세요.

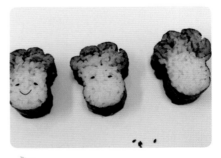

Tip! 김 대신 검은깨로 눈을 만들어도 좋아요.

• 빨대로 얼굴 꾸미기

다양한 크기의 빨대를 사용하면 얼굴을 귀엽게 꾸밀 수 있습니다. 살짝 데친 당근이나 슬라이스 햄, 치즈 등을 빨대로 찍어 자르면 되는데, 지름이 큰 빨대를 사용하거나, 빨대의 끝부분을 접어 삼각형이나 사각형을 만들면 더욱 다양하게 활용할 수 있습니다.

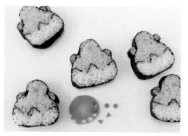  

Tip! 빨대 안에 재료가 끼어서 빠지지 않는다면, 나무꼬치의 뒷부분을 넣어 쏙 빼내면 돼요.

• 핀셋으로 디테일 장식하기

캐릭터 초밥을 장식할 때, 핀셋은 아주 유용하게 사용됩니다. 작은 조각을 집어 초밥 위에 올릴 때 손으로 집는 것보다 핀셋을 사용하면 디테일한 부분까지 쉽게 표현할 수 있습니다.

• 나무꼬치로 볼터치 만들기

토마토케첩과 나무꼬치만 있으면 캐릭터를 더욱 생기있게 만들 수 있습니다. 방법도 아주 간단합니다. 나무꼬치의 끝에 토마토케첩을 살짝 묻혀서 볼에 톡톡 찍어주면 됩니다.

• 나무꼬치로 작은 조각 붙이기

작은 조각의 김과 검은깨를 집으려면 핀셋보다는 나무꼬치가 훨씬 유용합니다. 나무꼬치의 뾰족한 부분에 물기를 살짝 묻힌 다음 김과 검은깨를 콕 찍으면, 원하는 위치에 쉽게 붙일 수 있습니다.

캐릭터 초밥을 만들 때 주의사항

손은 항상 청결하게!

캐릭터 초밥은 맨손으로 초밥을 마는 경우가 많기 때문에 위생 관리에 항상 주의를 기울여야 합니다. 가급적 요리용 장갑을 사용하고, 다른 작업을 할 때는 장갑을 벗거나 다른 장갑으로 갈아 껴야 합니다. 또한 식재료를 다듬을 때 사용하는 장갑과 초밥을 말 때 사용하는 장갑도 분리하는 것이 좋습니다.

만약 맨손으로 초밥을 만들어야 할 때는 '수초'를 옆에 두고 사용하는 것이 좋습니다. 수초는 물에 식초를 10 : 1 비율로 섞은 물입니다. 수초를 사용하면 식초의 산 성분이 손을 살균함은 물론 손가락에 초밥이 달라붙는 것도 막을 수 있어 일석이조의 효과를 얻을 수 있습니다.

조리도구의 세척과 살균

조리도구는 물과 음식이 항상 닿기 때문에 철저한 관리가 필요합니다. 물에 닿아 부식되거나 음식물로 인해 균이 번식할 수 있으니 꼼꼼히 세척하는 것이 중요합니다.

칼 : 칼은 사용한 다음 깨끗하게 세척해 말리고, 일주일에 한 번씩 끓는 물에 삶으면 좋습니다.

행 주 : 행주는 초밥이 마르지 않게 덮는 용도, 칼을 닦는 용도, 도마 위를 치우는 용도로 나눠 사용하고, 사용한 후에는 끓는 물이나 표백제로 소독합니다.

김 발 : 김발은 밥풀이 붙어있지 않도록 깨끗이 닦고 물기 없이 바짝 말립니다. 김발이 덜 마르면 곰팡이가 생길 수 있으니 반드시 통풍이 잘 되는 곳에 보관하도록 합니다. 이때 김발을 햇빛에 말리면 살균 효과를 얻을 수 있습니다.

김펀치 : 김펀치는 사용 후 면봉이나 키친타월로 닦아 보관합니다. 간혹 깨끗이 씻기 위해 물 세척하는 경우가 있는데, 물로 닦으면 금방 녹이 슬거나 성능이 떨어질 수 있습니다.

캐릭터 초밥은 밥을 얼마나 잘 다루느냐가 관건입니다. 배합초로 간을 맞췄기 때문에 일반적인 밥보다 질어서 아무리 맛있게 밥을 지어도 김 위에 초밥을 펴거나 마는 과정에서 밥알이 뭉개지면 식감이 나빠집니다. 이는 색깔 초밥을 만들 때도 마찬가지입니다. 밥을 손으로 자주 주물럭거리거나 세게 만지면 금방 질어져서 먹기가 불편해지니 초밥을 다룰 때는 항상 조심하도록 합니다.

초밥에 물을 들일 때는 색을 골고루 들이는 게 중요합니다. 하얀색 초밥에 색깔 배합초와 해당 색에 어울리는 식재료를 넣어서 물을 들일 때, 배합초나 마요네즈, 참기름 등을 소량 첨가해 만들면 밥알에 코팅 처리가 되어 색이 골고루 물듭니다.

캐릭터 초밥의 주재료인 초밥에는 식초와 설탕, 소금으로 만든 배합초가 들어있어 쉽게 상하지 않습니다. 그렇기 때문에 보관법만 제대로 알면 생각보다 오래 보관할 수 있습니다.

배합초에 들어가는 **식초**는 초밥에 많이 사용하는 어류, 육류, 채소 등에 의한 음식 독을 해독하고 살균 작용을 하며, 강한 산성으로 방부 효과도 있어 식품 저장에 큰 도움이 됩니다. 여기에 비만을 예방하고 체중 감소 효과도 있어 다이어트에 좋습니다. **설탕**은 초밥의 단맛을 배가시키고 소화 과정에서 수크라아제^{sucrase}에 의해 쉽게 포도당과 과당으로 분해·흡수되어 1g당 4kcal의 에너지를 생산해내는 에너지원입니다. 또한 밥을 부드럽게 만들고 수분을 오랫동안 유지 시켜주며, 갈변화에 관여하고 미생물의 성장·번식을 억제하여 식품의 보존 기간을 늘려주는 역할도 합니다.

캐릭터 초밥을 보관할 때는, 자른 캐릭터 초밥을 랩으로 낱개 포장한 후, 락앤락 용기나 지퍼 백에 담아 공기를 차단해 냉장 보관합니다. 초밥은 냉장고에 1~2일 정도 보관해도 밥이 딱딱해지거나 부서지지 않으니 걱정하지 않아도 됩니다. 냉장 보관한 초밥을 먹을 때는 랩을 벗기지 않은 상태 그대로 전자레인지에 10초 정도 돌려 데워 먹으면 좋고, 일반 초밥처럼 초간장에 고추냉이를 넣어 곁들이면 더욱 맛있습니다.

캐릭터 초밥이 아직 대중적이지 않다 보니, 인공색소로 물들인 밥만 들어가 맛이 없을 것이라는 편견이 많습니다. 흔히들 미각보다는 시각에 중점을 두었다고 생각하는데, 캐릭터 초밥도 엄연한 음식입니다. 모양이 아무리 예쁘고 귀여워도 맛이 없으면 소용이 없죠. 내 가족이, 내 아이가 먹는 음식이기 때문에 맛과 영양에 신경을 많이 쓰고 있다는 점을 생각해 주셨으면 좋겠습니다. 주변에서 흔하게 구할 수 있는 식재료를 사용해 꼬야만의 특별한 레시피로 맛과 영양, 색감과 모양을 한번에 잡을 수 있는 캐릭터 초밥을 지금부터 소개하겠습니다.

Q&A

Q. 책에서 사용하는 도구나 재료는 쉽게 구할 수 있나요?

A. '푸드 아트'라고 해서 특별한 도구나 재료가 필요한 것은 아니에요. 푸드 아트의 장점이 주변에서 쉽게 구할 수 있는 도구와 재료를 사용한다는 것이기 때문에, 대부분의 도구와 재료를 인터넷 쇼핑몰이나 마트에서 쉽게 구할 수 있어요. 특히 도구의 경우, 관리만 잘한다면 반영구적으로 사용할 수 있답니다.

Q. 손재주가 없는데 가능할까요?

A. 손으로 만드는 것이라서 손재주가 있으면 더 좋겠지만, 그렇다고 해서 손재주가 없는 사람은 만들 수 없다는 게 아니에요. 캐릭터 초밥은 재능과 소질보다는 기법과 요령이 중요하기 때문에 손재주가 없어도 충분히 만들 수 있어요. 쉬운 것부터 하나씩 만들면서 기술을 익히면 엄마, 아빠는 물론 아이들까지도 누구나 쉽게 만들 수 있답니다.

Q. 나중에 제가 원하는 캐릭터도 창작해서 만들 수 있나요?

A. 물론이죠! 캐릭터 초밥은 각각의 부분을 조립해서 하나의 완성된 모양을 만드는 푸드 아트인데요. 책을 보고 하나씩 만들면서 기법과 요령을 익히다 보면, 캐릭터를 만들 때 어떻게 나누고 구성해야 하는지 감이 올 거예요. 그다음부터는 기존의 캐릭터를 응용하고 변형하면서 좀 더 익숙해지면 스스로 창작해 새로운 작품을 만들 수 있어요.

Q. 캐릭터 초밥 아트 자격증이 있다고 들었는데, 설명해주세요.

A. 일본 데코스시협회에서 주관하는 데코마끼스시 1, 2급 자격증과 한국예술명인협회와 국제푸드아트협회에서 주관하고 한국직업능력개발원에서 발급하는 캐릭터 초밥 아트 1, 2급 자격증이 있어요.
자격증은 [2급 〉1급 〉마스터 강사] 과정으로 취득할 수 있는데요. 2급에서는 캐릭터 초밥 아트의 입문 과정으로 초밥을 다루는 요령, 캐릭터 초밥을 마는 기본 준비와 기초 기법을 바탕으로 12가지 캐릭터 초밥 모양을 배우고, 1급에서는 좀 더 디테일한 기법을 배우며 자신이 좋아하는 만화 캐릭터나 과일, 채소 등을 스스로 창작하고 스토리를 담은 캐릭터 초밥을 배울 수 있어요. 마스터 강사가 되면 직접 강의를 진행할 수 있는 전문가로 거듭나는데요. 푸드 아트나 캐릭터 초밥 창업에 관심이 있다면, 도서의 맨 뒤에 있는 [캐릭터 김밥 아트 민간자격증] 부분을 참고하면 도움이 될 것 같아요.

알아두기

- 기본 도구 = [김발, 행주, 칼, 도마]입니다. 항상 챙겨주세요.

- 김 1장은 가로 19cm×세로 10cm로 되어있으니, 재료의 길이는 전부 10cm로 맞춰주세요.

- 각 레시피마다 적혀있는 분량(g)과 길이(cm)는 반드시 확인하세요. 그래야 완성도 높은 초밥을 만들 수 있어요.

- 분량(g) 표시가 되어있지 않은 재료는 1g 미만으로 '소량' 들어가는 재료예요. 초밥의 색을 확인하며 조금씩 넣어 원하는 색을 만들어요.

- 책에는 가장 기본적인 레시피를 소개했어요. 캐릭터 초밥 만들기에 익숙해졌다면, 다양한 재료를 사용해 마음껏 응용해보세요.

꼬야의
캐릭터
초밥
아트

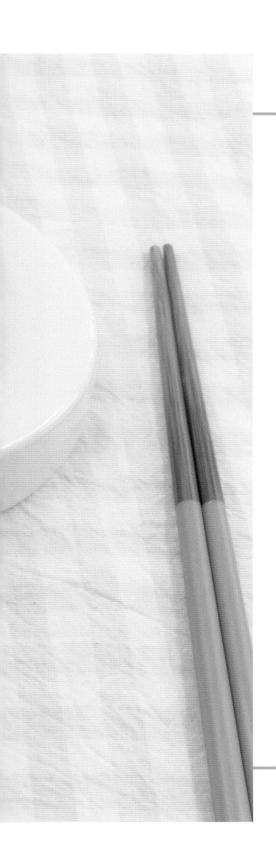

PART 1

초급

간단한 기법을 사용해
캐릭터 초밥을 만들어요.
하나하나 천천히 따라 만들면서
캐릭터 초밥의 기초를 익혀요.

벚꽃 초밥

—

살랑살랑 불어오는 봄바람과 함께 벚꽃이 활짝 피었어요.
식탁 위에도 봄이 찾아왔네요.

Food Ingredients

가로 3.5cm × 세로 3.5cm

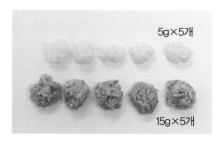

5g×5개

15g×5개

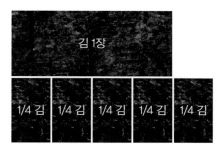

김 1장

| 1/4 김 | 1/4 김 | 1/4 김 | 1/4 김 | 1/4 김 |

도   구 : 기본 도구

꽃   술 : 소시지 1개

하얀색 꽃잎 : 25g

분홍색 꽃잎 : 75g(초밥 50g + 다진 하얀색 크래미 20g + 다진 초생강
5g + 비트초)

Character Design

①

1/4 김 한가운데에 분홍색 초밥 15g을 가로로 깔고
고르게 펴요.

②

분홍색 초밥 위에 하얀색 초밥 5g을 뾰족하게 올
려요.

3

김을 접어 물방울 모양으로 만들어요. 이때 김의 끝부분은 완벽하게 붙이지 마세요.

4

김발을 사용해 물방울 모양을 잡아가며 꽃잎을 만들어요.

5

같은 방법으로 총 5개의 꽃잎 초밥을 만들어요.

6

김발을 U자로 잡고 5번에서 만든 꽃잎 초밥 3개를 올린 다음, 가운데에 꽃술이 될 소시지를 올려요.

7

소시지 위에 나머지 꽃잎 초밥 2개를 올리고 김발을 둥글게 말아 꽃 모양으로 만들어요.

8

김 1장 위에 7번에서 만든 꽃 모양 초밥을 올려 말아요. 김 끝에 밥풀 한두 톨을 투명하게 뭉개면 밥풀이 접착제 역할을 해 잘 붙어요.

9

초밥을 같은 크기로 자르기 위해 6등분으로 칼집을 내요.

10

김발로 초밥의 모양이 흐트러지지 않게 잘 잡고 자르면, 봄기운이 물씬 풍기는 벚꽃 초밥이 완성돼요.

꼬야's TIP

동영상을 보면서 따라해보세요.
취향에 따라 초밥에 다양한 재료를 넣어 응용할 수 있어요.

수박 초밥

보기만 해도 시원함이 느껴지는 여름의 대표 과일 수박!
이 수박은 씨와 껍질을 한입에 먹을 수 있답니다.

🐻 Food Ingredients

가로 4cm × 세로 4cm

도   구 : 기본 도구, 나무꼬치

하얀색 속껍질 : 20g

초록색 겉껍질 : 40g(초밥 40g + 파래김가루 + 시금치가루 + 마요네즈)

빨 간 색 과 육 : 65g(초밥 40g + 빨간색 날치알 20g + 다진 초생강 5g + 비트초)

데 커 레 이 션 : 검은깨

🐻 Character Design

1

3/4 김 한가운데에 초록색 초밥 40g을 4cm 너비로 고르게 펴요.

2

초록색 초밥 위에 하얀색 초밥 20g을 얇게 펴요.

3

하얀색 초밥 위에 빨간색 초밥 65g을 산 모양으로
올려요.

4

김을 말아 삼각형으로 만들고, 김발을 사용해 한
번 더 모양을 잡아요.

5

초밥을 같은 크기로 자르기 위해 6등분으로 칼집
을 내요.

6

초밥의 모양이 흐트러지지 않도록 주의하면서
잘라요.

7

검은깨로 수박씨를 만들면 수박 초밥이 완성돼요.

꼬야's TIP
동영상을 보면서 따라해보세요.
취향에 따라 초밥에 다양한 재료를 넣어 응용할
수 있어요.

당근 초밥

당근을 싫어하는 아이도 맛있게 먹을 수 있는 당근 초밥!
씹을 때마다 톡톡 터지는 날치알이 먹는 재미를 더해요.

Food Ingredients

가로 3cm × 세로 6cm

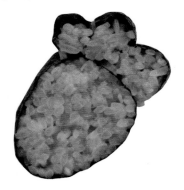

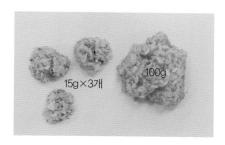

도　　　　구 :	기본 도구, 랩, 나무꼬치, 핀셋, 빨대(지름 0.5cm), 김펀치(가위)

주황색 몸통 : 100g(초밥 70g + 빨간색 날치알 30g + 다진 초생강 + 치자초)

초록색 이파리 : 45g(초밥 45g + 파래김가루 + 시금치가루 + 마요네즈)

데 커 레 이 션 : 검은깨, 실고추, 김, 슬라이스 치즈, 슬라이스 햄

Character Design

①	②
	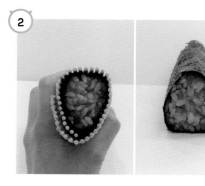
3/4 김에 주황색 초밥 100g을 3cm 너비의 산 모양으로 올려주세요.	김을 말아 삼각형으로 만들고, 김발을 사용해 한 번 더 모양을 잡아 당근 몸통을 만들어요.

③

10cm

Tip! 초밥은 많이 끈적거리기 때문에 도마 위에서 작업하면 도마에 밥풀이 붙어서 제대로 만들기가 어려워요. 바닥에 꼭 랩을 깔고 작업해주세요.

랩을 깔고 그 위에 초록색 초밥 15g을 10cm 길이의 산 모양으로 만들어요. 3개 다 동일하게 만들어 나란히 붙여주세요.

④

⑤

초록색 초밥 위에 1/8 김을 한 장씩 붙여 당근 잎을 만들어요. 이때 산 모양이 무너지지 않게 주의하세요.

2번에서 만든 초밥을 같은 크기로 자르기 위해 5등분으로 칼집을 내요.

⑥

⑦

김발로 초밥의 모양이 흐트러지지 않게 잘 잡고 잘라, 당근 몸통 초밥을 만들어요.

4번에서 만든 당근 잎 초밥도 5등분으로 잘라요.

8

주황색의 당근 몸통 초밥과 초록색의 잎 초밥을 서로 붙여요.

9

검은깨, 실고추, 김, 슬라이스 치즈와 햄으로 눈과 입, 주름과 볼터치를 만들면 당근 초밥이 완성돼요.

배추 초밥

속이 꽉 찬 배추예요.
이 친구들 덕분에 이번 김장도 아주 맛있게 만들 수 있을 것 같아요.

Food Ingredients

가로(초록색 잎) 4cm × 세로 5.5cm

70g

10g

20g×2개

1/2 김   1/4 김   1/4 김

도　　　구 : 기본 도구, 나무꼬치, 나무젓가락, 핀셋

하얀색 줄기 : 70g(초밥 50g + 다진 하얀색 크래미 20g + 마요네즈)

초 록 색 잎 : 50g(초밥 50g + 파래김가루 + 시금치가루 + 마요네즈)

데커레이션 : 검은깨, 실고추

 ## Character Design

①

1/4 김 두 장에 초록색 초밥을 20g씩 올리고 동그랗게 말아요.

②

세로로 길게 반을 잘라 초록색 잎 4개를 만들어요.

김발을 U자로 잡고 1/2 김을 올려요.

하얀색 초밥 70g을 올려 반원으로 만들어요.

김발을 사용해 3/4 지점을 살짝 눌러 꽃병 모양으로 만들어요.

초록색 초밥 10g을 하얀색 초밥 가운데에 올려요.

2번에서 만든 초록색 잎 하나를 오른쪽 가장자리에 붙여요.

나머지 초록색 잎을 오른쪽부터 순서대로 한 개씩 붙여요.

9

칼등으로 초록색 잎 사이사이를 눌러 모양을 잡아
가며 붙여요.

10

초밥을 같은 크기로 자르기 위해 4등분으로 칼집
을 내요.

11

초밥의 모양이 흐트러지지 않도록 5번에서 살짝
누른 부분에 나무젓가락을 끼우고 잘라요.

12

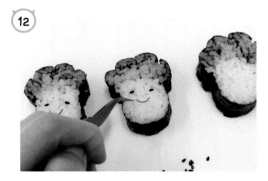

검은깨로 눈을 만들고 실고추로 입을 만들면 배추
초밥이 완성돼요.

파인애플 초밥

화사한 노란색이 시선을 사로잡는 파인애플 초밥이에요.
단무지를 넣어 진짜 파인애플처럼 상큼한 맛을 더했어요.

Food Ingredients

가로 3cm × 세로 6cm

도　　　　구 : 기본 도구, 랩, 가위, 핀셋

초 록 색　잎 : 30g(초밥 30g + 파래김가루 + 시금치가루 + 마요네즈)

노란색　과육 : 90g(초밥 50g + 다진 달걀말이 30g + 다진 단무지 10g +
치자초)

데 커 레 이 션 : 김

Character Design

①

4cm

3/4 김 한가운데에 노란색 초밥 90g을 4cm 너비
로 둥글게 올린 다음 말아, 파인애플 과육을 만들
어요.

②

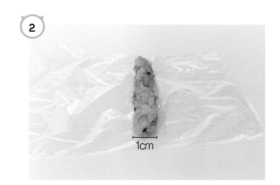

1cm

랩을 깔고 그 위에 초록색 초밥 10g을 1cm 너비의
산 모양으로 만들어요.

> **Tip!** 초밥은 많이 끈적거리기 때문에 도마 위에서 작업하
> 면 도마에 밥풀이 붙어서 제대로 만들기가 어려워요.
> 바닥에 꼭 랩을 깔고 작업해주세요.

1/8 김을 세로로 길게 접어 모서리를 만든 다음, 산 모양으로 만든 초밥에 붙여요.

같은 방법으로 산 모양 3개를 만들고 나란히 이어 붙여 파인애플 잎을 만들어요.

1번에서 만든 파인애플 과육 초밥에 5등분으로 칼 집을 내고 잘라요.

4번에서 만든 파인애플 잎 초밥도 5등분으로 잘라요.

노란색의 파인애플 과육 초밥과 초록색의 잎 초밥 을 서로 붙여요.

김을 가늘게 잘라 무늬를 만들면 파인애플 초밥이 완성돼요.

사과 초밥

아삭아삭 사과를 반으로 똑 잘랐어요.
통으로 만드는 게 아니라 반쪽만 만들어 붙이는 거라서 더 귀여워요.

Food Ingredients

가로 5cm × 세로 3.5cm

도	구 : 기본 도구, 랩
사	과 : 우엉 조림 1개, 오이 1/2개
빨간색 껍질 :	40g(초밥 40g + 비트초)
살구색 과육 :	75g(초밥 75g + 토마토케첩)

Character Design

1

1/6 김으로 우엉 조림을 말아 사과씨를 만들어요.

2

4cm

랩을 깔고 그 위에 살구색 초밥 30g을 4cm 너비로 고르게 펴요.

살구색 초밥의 한가운데에 1번에서 만든 사과씨를 올려요.

살구색 초밥 45g을 사과씨 위에 덮고 윗부분이 둥근 반원 모양으로 만들어요.

빨간색 초밥 40g을 반원 위에 얇게 덮어 사과 껍질을 만들어요.

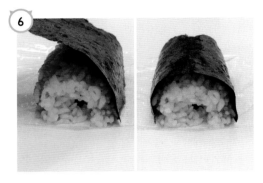

1/2 김을 초밥의 양쪽 끝에 맞춰 덮어요. 이때 김의 길이가 더 길다면 남는 부분은 잘라요.

김발을 사용해 김을 붙이면서 반원 모양으로 한 번 더 다듬어 사과를 만들어요.

오이를 반으로 자르고 한 번 더 잘라 조그만 반원 두 개를 만들어요.

Tip! 자른 오이는 소금에 살짝 절인 후, 물기를 제거해 사용해요.

1/2 김 끝에 오이를 올리고, 뒤집어서 오이를 한 개 더 올려 마주 보게 겹쳐요.

김으로 오이를 감싸고 끝을 밥풀로 붙여 잎을 만들어요. 오이와 오이 사이에 김을 끼우고 한 바퀴 돌린다고 생각하면 쉬워요.

7번에서 만든 사과 초밥을 반으로 자르고 또 반으로 잘라 4등분해요.

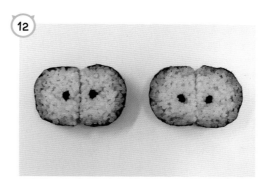

반원끼리 붙여 사과를 만들어요.

10번에서 만든 오이 잎을 5등분으로 잘라요.

12번의 사과에 잎을 붙이면 데칼코마니 사과 초밥이 완성돼요.

Tip 여분의 우엉이 있다면 사과 위에 올려 사과 꼭지를 표현해도 좋아요.

바나나 초밥

바나나의 부드러운 식감을 표현해 만든 바나나 초밥이에요.
이번에는 초밥에 물을 들이지 않고 달걀말이와 오이로 만들어보았어요.

Food Ingredients

가로 6cm × 세로 5cm

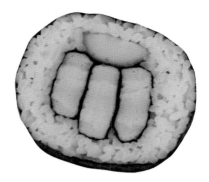

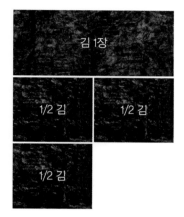

도 구 :	기본 도구
바 나 나 :	달걀말이(가로 2cm×세로 1cm×길이 10cm) 3개, 오이 1/2개
하얀색 배경 :	130g

 Character Design

1

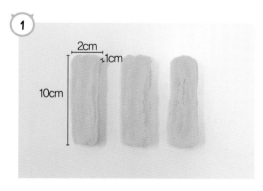

달걀말이를 가로 2cm×세로 1cm×길이 10cm 크기로 잘라 준비해요.

2

1/2 김으로 달걀말이를 돌돌 만 다음, 밥풀을 뭉개 붙여요. 3개 다 같은 방법으로 말아주세요.

③ 오이를 반으로 잘라요. 이때, 자른 단면의 높이가
1cm 정도 되도록 잘라요.

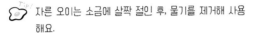
자른 오이는 소금에 살짝 절인 후, 물기를 제거해 사용
해요.

④ 김 1장의 양쪽 끝을 2cm 정도 남기고 하얀색 초밥
80g을 고르게 펴요.

⑤ 하얀색 초밥 한가운데에 오이의 평평한 부분이 밑
으로 향하도록 올려요.

⑥ 오이의 양쪽에 하얀색 초밥을 10g씩 붙여요.

⑦ 2번에서 만든 달걀말이를 오이 위에 바나나 모양
으로 올려요.

⑧ 남은 하얀색 초밥 30g으로 달걀말이 위를 골고루
덮어 고정해요.

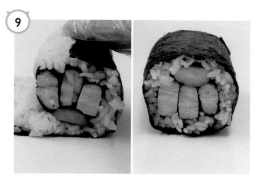

바나나 모양이 흐트러지지 않도록 주의하면서 초밥을 말아요.

초밥에 5등분으로 칼집을 내고 자르면, 바나나 초밥이 완성돼요.

롤리팝 초밥

알록달록 보는 재미도 있고,
하나씩 쏙쏙 빼먹는 재미도 있는 롤리팝 초밥을 만들어봐요.

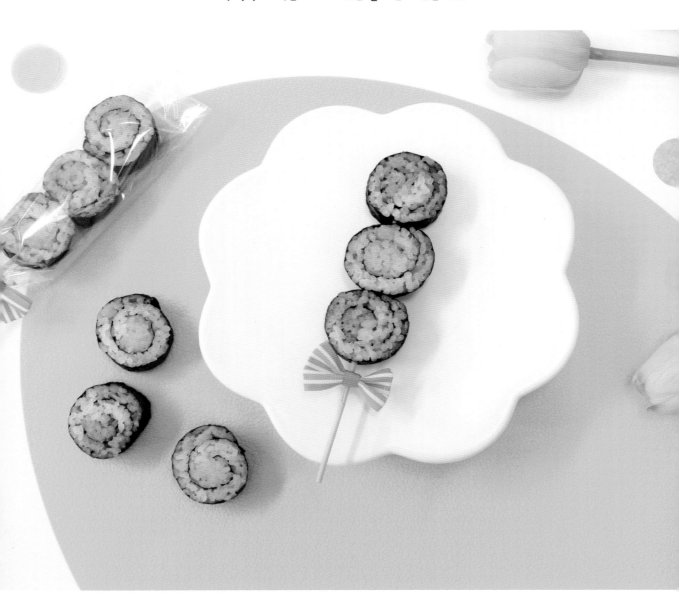

Food Ingredients

가로 3cm × 세로 3cm

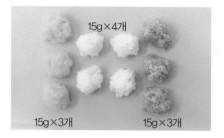

15g×4개

15g×3개   15g×3개

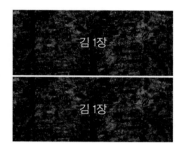

김 1장

김 1장

도   구 : 기본 도구, 나무꼬치

분홍색 사탕 : 45g(초밥 30g + 빨간색 날치알 15g + 비트초)
노란색 사탕 : 45g(초밥 30g + 다진 달걀말이 15g + 치자초)
하얀색 사탕 : 60g(초밥 40g + 다진 하얀색 크래미 20g)

 # Character Design

①

3cm

김 1장 끝부분에 노란색 초밥 15g을 3cm 너비로
고르게 펴요.

②

3cm

하얀색 초밥 15g도 같은 방법으로 고르게 펴요.

'노란색 − 하얀색 − 노란색 − 하얀색 − 노란색' 순서로 초밥을 고르게 펴요.

초밥의 끝부분부터 돌돌 말아요.

같은 방법으로 남은 김 1장에 분홍색과 하얀색 초밥을 번갈아가며 고르게 펴요.

분홍색 초밥도 끝부분부터 돌돌 말아 준비해요.

초밥에 5등분으로 칼집을 내고 잘라요.

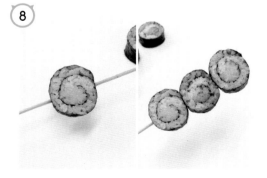

나무꼬치에 자른 초밥을 번갈아가며 꽂으면 알록 달록 롤리팝 초밥이 완성돼요.

Tip! 나무꼬치를 미리 물에 담가두면 초밥을 꽂기 훨씬 수월해요.

롤리팝 초밥을 쿠키 봉투에 포장하면 선물을 하거나 도시락으로 준비하기 아주 좋아요.

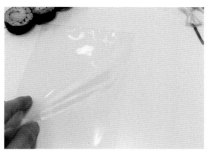

① 쿠키 봉투(가로 10cm × 세로 13cm)의 한쪽을 뜯어 벌려요.

② 롤리팝 초밥을 안쪽에 놓고 비닐을 반으로 접은 후, 빵 끈으로 묶으면 완성!

막대사탕 초밥

막대사탕 초밥은 아무리 많이 먹어도 충치가 생기지 않아요.
그 대신 배가 아주아주 부를 거예요.

가로 4cm × 세로 6cm

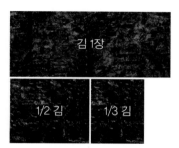

도　　　　구 : 기본 도구

사　　　　탕 : 슬라이스 치즈 1장, 슬라이스 햄 1장,
　　　　　　　 스팸(가로 2cm×세로 0.5cm×길이 10cm) 1조각

야채믹스 초밥 : 140g(초밥 120g + 건조야채믹스 20g + 참기름)

데 커 레 이 션 : 슬라이스 햄, 당근

Character Design

1

슬라이스 햄 위에 슬라이스 치즈를 올리고 동그랗
게 말아요.

2

동그랗게 만 햄과 치즈를 1/2 김으로 돌돌 말아 사탕
을 만들어요.

3

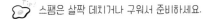

가로 2cm×세로 0.5cm×길이 10cm로 자른 스팸을 1/3 김으로 말아 사탕의 손잡이를 만들어요.

🥚 스팸은 살짝 데치거나 구워서 준비하세요.

4

6cm

김 1장 한가운데에 야채믹스 초밥 60g을 6cm 너비로 고르게 펴요.

5

초밥 위에 2번에서 만든 햄치즈 사탕을 올려요. 이때 약간 왼쪽에 올려주세요.

6

20g

햄치즈 사탕 옆에 야채믹스 초밥 20g을 고르게 펴요.

7

3번에서 만든 스팸 사탕 손잡이를 올려요.

8

30g

야채믹스 초밥 30g으로 스팸 사탕 손잡이 부분을 덮어 사각형으로 만들어요.

9

30g

남은 야채믹스 초밥 30g으로 사탕 김밥 위를 덮어 전체적으로 사각형이 되도록 만들어요.

10

김으로 초밥을 말고, 김발을 사용해 한 번 더 모양을 잡아요.

11

초밥에 5등분으로 칼집을 내고 잘라요.

12

슬라이스 햄과 당근으로 리본을 만들어 장식하면 막대사탕 초밥이 완성돼요.

트럭 초밥

우리가 알고 있는 투박한 트럭과는 달리 귀여운 모양의 트럭 초밥을 만들었어요.
딱 봐도 귀여운 모습이 아이들이 참 좋아하겠죠?

가로 5cm × 세로 5cm

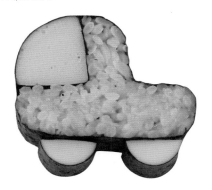

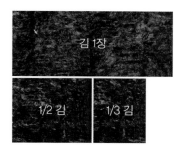

김 1장

1/2 김   1/3 김

도 구	: 기본 도구, 랩
바 퀴	: 소시지 1개
창 문	: 둥근 어묵 1/4개
파란색 트럭	: 110g(초밥 100g + 다진 하얀색 크래미 10g + 다진 쌈무 + 청치자초)

🐻 Character Design

1

5cm

김 1장 한가운데에 파란색 초밥 80g을 5cm 너비로 고르게 펴요.

2

초밥 위에 랩을 덮고 김발을 사용해 납작한 네모 모양으로 잡아주세요.

🍳 Tip! 랩을 덮으면 김발에 밥풀이 달라붙는 것을 막을 수 있어요.

둥근 어묵을 2cm×2cm 크기로 잘라요.

자른 어묵을 1/2 김으로 감싸 트럭의 창문을 만들어요.

1/3 김으로 소시지를 말아 준비해요. 나중에 트럭의 바퀴가 될 거예요.

2번의 파란색 초밥 위에 4번에서 만든 어묵 창문을 올려요. 이때 왼쪽 끝에 붙여서 올려주세요.

파란색 초밥 30g을 어묵 창문 옆에 1cm 너비로 붙여요.

트럭 모양을 살려 김으로 감싸요.

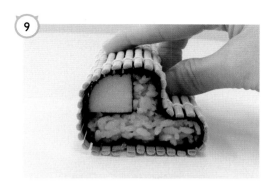

9

김발을 사용해 한 번 더 모양을 잡아요.

10

5번에서 만든 트럭의 바퀴를 반으로 길게 자른 다음, 5등분으로 잘라요.

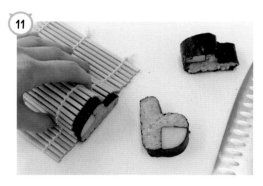

11

9번에서 만든 초밥에 5등분으로 칼집을 내고 잘라요.

12

트럭 모양 초밥에 소시지 바퀴를 붙이면 트럭 초밥이 완성돼요.

얼굴 초밥

얼굴 초밥은 원하는 대로 얼마든지 응용할 수 있어요.
머리카락 색을 바꾸거나, 표정을 바꾸면 다른 느낌의 얼굴이 돼요.

가로 4.5cm × 세로 4cm

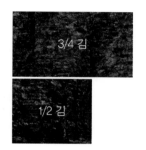

도　　　　구 : 기본 도구, 나무꼬치, 빨대(지름 0.5cm), 김펀치(가위)

하얀색 얼굴 : 60g

검은색 머리 : 60g(흑미밥 40g + 검은깨가루 10g + 김자반 10g)

데커레이션 : 김, 당근, 슬라이스 햄

Character Design

1/2 김으로 하얀색 초밥 60g을 동그랗게 말아 얼굴을 만들어요.

3/4 김 한가운데에 검은색 초밥 60g을 6cm 너비로 고르게 펴요.

3

검은색 초밥 가운데에 1번에서 만든 얼굴 초밥을 올려요.

4

김발을 사용해서 초밥을 동그랗게 말아요.

5

초밥에 5등분으로 칼집을 내고 잘라요.

6

김으로 눈과 입을 만들고, 지름 0.5cm의 빨대로 당근과 슬라이스 햄을 찍어 볼터치를 만들면 얼굴 초밥이 완성돼요.

딸기 소녀 초밥

딸기 모자를 쓴 귀여운 소녀 초밥이에요.
빨간색 딸기 안에 있는 아이가 너무너무 귀엽죠?

가로 5cm × 세로 6cm

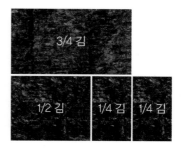

도　　　　구	:	기본 도구, 나무꼬치, 빨대(지름 0.5cm), 김펀치(가위)
하얀색 얼굴	:	50g(초밥 40g + 다진 하얀색 크래미 10g)
빨간색 딸기	:	100g(초밥 80g + 빨간색 날치알 20g + 다진 초생강 + 비트초)
초록색 꼭지	:	30g(초밥 30g + 파래김가루 + 시금치가루 + 마요네즈)
데커레이션	:	김, 검은깨, 당근, 슬라이스 햄

Character Design

1/2 김으로 하얀색 초밥 50g을 동그랗게 말아 얼굴을 만들어요.

3/4 김 한가운데에 빨간색 초밥 60g을 6cm 너비로 고르게 펴요.

③

1번에서 만든 얼굴 초밥을 빨간색 초밥 가운데에 올리고, 김발을 U자로 잡아 고정해요.

④

빨간색 초밥 40g을 산 모양으로 쌓아 올리고, 김발을 사용해 한 번 더 모양을 잡아 딸기를 만들어요.

⑤

딸기 초밥에 5등분으로 칼집을 내고 잘라요.

⑥

1/4 김 두 장에 초록색 초밥을 각각 15g씩 올려요.

⑦

김발을 사용해 물방울 모양으로 만들어 딸기 꼭지를 만들어요.

⑧

딸기 꼭지 초밥을 5등분으로 잘라요.

5번에서 만든 딸기 초밥에 딸기 꼭지 초밥을 붙여요.

검은깨로 딸기 씨를 표현하고 김으로 눈과 입을 만들어요. 지름 0.5cm의 빨대로 당근과 슬라이스 햄을 찍어 볼터치를 만들면 딸기 소녀 초밥이 완성돼요.

유령 초밥

어맛, 깜짝이야! 유령이 나타났어요!!
그런데 이 유령 친구들, 너무 귀여운데요?

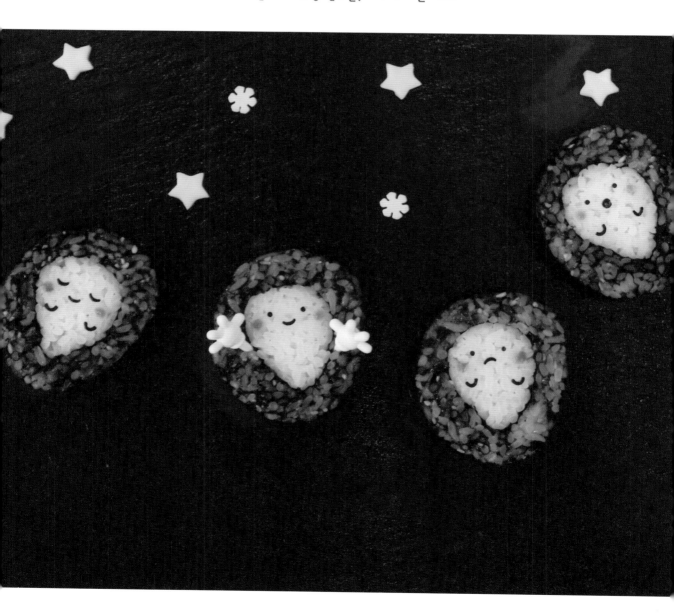

Food Ingredients

가로 4cm × 세로 5cm

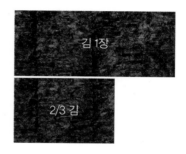

김 1장

2/3 김

도　　　구 : 기본 도구, 나무꼬치, 김펀치(가위)

검은색 밤하늘 : 100g(초밥 70g + 김자반 15g + 검은깨가루 15g + 참기름)

하 얀 색 유령 : 60g

데 커 레 이 션 : 김, 토마토케첩

Character Design

① 2/3 김 한가운데에 하얀색 초밥 60g을 산 모양으로 올려요.

② 초밥을 김으로 말고 김발로 한쪽 모서리를 꼬집듯이 다듬어 유령 모양을 만들어요.

③

5cm

김 1장 한가운데에 검은색 초밥 50g을 5cm 너비로 고르게 펴요.

④

30g

2번에서 만든 유령 초밥을 옆으로 눕혀 올리고 뾰족한 부분에 검은색 초밥 30g을 붙여요.

⑤

20g

비어있는 부분에 남은 검은색 초밥 20g을 붙이고 동그랗게 만들어요.

⑥

김으로 감싼 다음, 김발을 사용해 한 번 더 모양을 잡아요.

⑦

초밥에 6등분으로 칼집을 내고 잘라요.

⑧

김으로 유령 얼굴을 꾸미고 토마토케첩으로 볼터치를 찍으면 유령 초밥이 완성돼요.

펭귄 초밥

뒤뚱뒤뚱 펭귄 초밥이에요.
옥수수로 만든 앙증맞은 부리와 발바닥 때문에 귀여움이 한층 업그레이드 됐어요.

Food Ingredients

가로 4cm × 세로 5cm

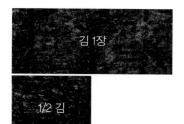

도　　　　구 : 기본 도구, 젓가락, 빨대(지름 0.5cm), 나무꼬치, 김펀
치(가위)

검은색 펭귄 : 100g(초밥 65g + 김자반 20g + 검은깨가루 15g + 참기름)

하 얀 색　배 : 30g

데 커 레 이 션 : 김, 통조림 옥수수 10g, 슬라이스 치즈 1/2개

Character Design

①

1/2 김으로 하얀색 초밥 30g을 동그랗게 말아 펭
귄 배를 만들어요.

②

김 1장 한가운데에 1번에서 만든 펭귄 배 초밥을 올
리고, 양쪽에 검은색 초밥을 각각 10g씩 1cm 너비
로 붙여요.

검은색 초밥 80g을 둥글게 올려요.

김으로 초밥을 말고 남은 김을 자른 다음, 김발을
사용해 한 번 더 모양을 잡아요.

초밥에 6등분으로 칼집을 내고 잘라요.

통조림 옥수수로 펭귄 부리와 발을 만들어요.

지름 0.5cm의 빨대로 슬라이스 치즈를 찍어 펭귄
눈을 만들고, 김으로 눈동자를 표현하면 펭귄 초밥
이 완성돼요.

토토로 초밥

버섯과 도토리를 먹으며 숲을 지키는 숲의 요정, 토토로.
만화 속의 토토로를 직접 만날 시간이에요.

가로 4cm × 세로 5cm

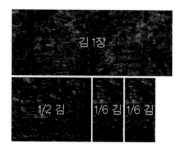

도　　　　구 : 기본 도구, 랩, 빨대(지름 0.5cm), 나무꼬치, 김펀치(가위)

검은색 토토로 : 125g(초밥 85g + 김자반 25g + 검은깨가루 15g + 참기름)

하 얀 색　배 : 50g

데 커 레 이 션 : 김, 슬라이스 치즈, 검은깨

Character Design

1 1/2 김으로 하얀색 초밥 50g을 동그랗게 말아 토토로 배를 만들어요.

2 김 1장 한가운데에 검은색 초밥 15g을 2cm 너비로 펴요.

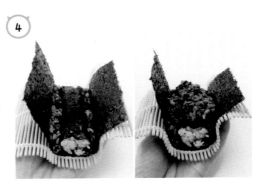

1번에서 만든 토토로 배 초밥을 검은색 초밥 위에 올리고, 양옆에 검은색 초밥을 각각 20g씩 3cm 너비로 펴요.

김발을 U자로 잡고, 검은색 초밥 40g을 둥글게 올려요.

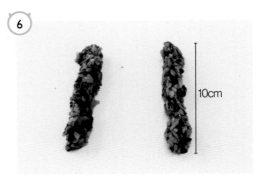

김으로 동그랗게 말고, 김발을 사용해 한 번 더 모양을 잡아 토토로 몸통을 만들어요.

랩을 깔고 검은색 초밥 15g을 10cm 길이의 산 모양으로 만들어요. 두 개를 만들어 주세요.

산 모양을 살리면서 각각 1/6 김으로 감싸 토토로 귀를 만들어요.

토토로 귀 초밥을 5등분으로 잘라요.

9

5번에서 만든 토토로 몸통 초밥에 5등분으로 칼집을 내고 잘라요.

10

토토로 몸통 초밥에 8번에서 만든 귀 초밥을 붙여요.

11

지름 0.5cm의 빨대로 슬라이스 치즈를 찍어 토토로의 눈을 만들어요.

12

김으로 눈동자와 코를 표현하고, 검은깨로 배에 무늬를 넣으면 토토로 초밥이 완성돼요.

×

PART 2

중급

조금 더 어려운 기법을 배워요.
초밥끼리 겹치거나 모양을 잡는 과정이 많으니
자른 모습을 상상하며 만들어요.

곰돌이 초밥 ①

—

귀여운 곰돌이 친구들이 놀러 왔어요.
동그란 소시지 귀가 포인트랍니다.

🐻 Food Ingredients

가로 5cm × 세로 5cm

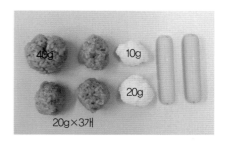

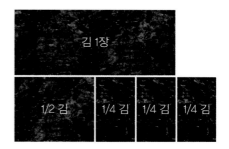

도　　　　구 : 기본 도구, 나무꼬치, 빨대(지름 0.5cm), 김펀치(가위)

곰돌이　귀 : 소시지 2개

하얀색 하관 : 30g

갈색 얼굴 : 100g(찰현미밥 80g + 통깨가루 20g)

데커레이션 : 김, 당근, 슬라이스 햄

🐻 Character Design

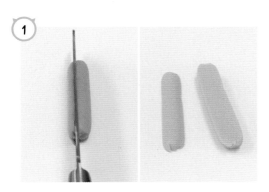

1

소시지를 살짝 왼쪽으로 치우쳐 잘라요.

2

자른 소시지 중에 작은 소시지를 1/4 김으로 감싸 곰돌이 입을 만들어요.

큰 소시지도 1/4 김으로 감싸 곰돌이 귀를 만들어요.

같은 방법으로 곰돌이 귀를 하나 더 만든 다음, 5등분으로 잘라요.

1/2 김 한가운데에 하얀색 초밥 10g을 2cm 너비로 고르게 펴요.

2번에서 만든 곰돌이 입을 둥근 부분이 아래로 향하도록 하얀색 초밥의 가운데에 올려요.

곰돌이 입 위를 남은 하얀색 초밥 20g으로 덮은 다음, 동그랗게 말아 곰돌이 하관을 만들어요.

김 1장 한가운데에 갈색 초밥 20g을 4cm 너비로 고르게 펴요.

9

20g 20g

7번에서 만든 곰돌이 하관을 갈색 초밥의 가운데에 올리고, 양쪽에 갈색 초밥을 20g씩 붙여 고정해요.

10

남은 갈색 초밥 40g을 올려 덮은 다음, 동그랗게 말아요.

11

김발을 사용해 한 번 더 동그랗게 모양을 잡아요.

12

초밥에 5등분으로 칼집을 내고 잘라 곰돌이 얼굴을 만들어요.

13

곰돌이 얼굴 초밥에 4번에서 만든 곰돌이 귀 소시지를 붙여요.

14

김으로 눈과 코를 만들고, 지름 0.5cm의 빨대로 당근과 슬라이스 햄을 찍어 볼터치를 만들면 곰돌이 초밥①이 완성돼요.

곰돌이 초밥 ②

이번에는 다른 방법으로 곰돌이 초밥을 만들어 보았어요.
어떤 곰돌이가 더 마음에 드나요?

Food Ingredients

가로 6cm × 세로 5cm

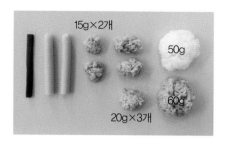

도 구 :	기본 도구, 랩, 나무꼬치, 빨대(지름 0.5cm), 김펀치(가위)
곰돌이 눈&코 :	우엉 조림 1개, 소시지 2개
하얀색 하관 :	50g
갈 색 얼 굴 :	150g(발아현미밥 120g + 참깨가루 20g + 가쓰오부시가루 10g + 마요네즈)
데 커 레 이 션 :	김, 당근

Character Design

1 1/4 김 두 장으로 소시지 2개를 각각 말아서 곰돌이 눈을 만들어요.

2 1/6 김으로 우엉 조림을 말아서 곰돌이 코를 만들어요.

③ 1/2 김 한가운데에 2번에서 만든 곰돌이 코를 올리고 하얀색 초밥 50g으로 동그랗게 덮어요.

④ 김을 동그랗게 말고, 김발을 사용해 한 번 더 모양을 잡아 곰돌이 하관을 만들어요.

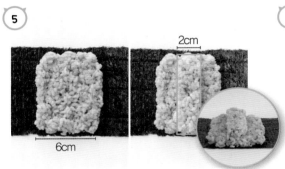

⑤ 김 1장에 갈색 초밥 60g을 6cm 너비로 고르게 펴고, 가운데에 20g을 2cm 너비로 높게 펴요.

⑥ 1번에서 만든 곰돌이 눈을 높게 편 갈색 초밥의 양옆에 두고, 4번에서 만든 곰돌이 하관을 올려요.

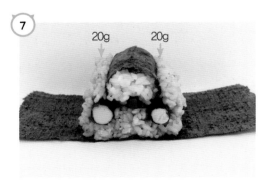

⑦ 눈과 하관 양쪽에 갈색 초밥을 20g씩 붙여 고정해요.

⑧ 김을 동그랗게 말고, 김발을 사용해 한 번 더 모양을 잡아 곰돌이 얼굴을 만들어요.

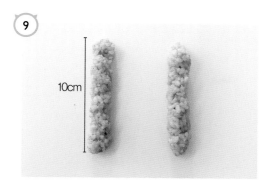

9

10cm

랩을 깔고 그 위에 갈색 초밥 15g을 10cm 길이의 반달 모양으로 2개 만들어요.

10

1/6 김으로 반달 초밥 위를 덮은 다음, 김발로 모양을 잡아 곰돌이 귀를 만들어요.

11

곰돌이 귀를 4등분으로 잘라요.

12

8번에서 만든 곰돌이 얼굴 초밥에 4등분으로 칼집을 내고 잘라요.

13

곰돌이 얼굴 초밥에 귀 초밥을 붙여요.

14

김을 잘라 곰돌이의 눈과 입을 만들고, 지름 0.5cm의 빨대로 당근을 찍어 볼터치를 만들면 곰돌이 초밥②가 완성돼요.

웃는 얼굴 초밥

하하 호호 웃는 얼굴을 보고 있으면 저절로 기분이 좋아져요.
힘들고 우울한 일이 생겨도 밝게 웃으며 털어내요.

가로 5.5cm × 세로 4.5cm

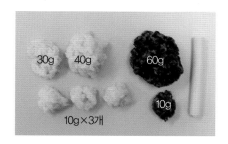

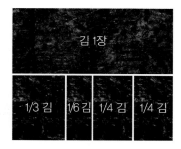

도　　　　구 :	기본 도구, 빨대(지름 0.5cm), 나무꼬치, 김펀치(가위)
웃　는　　입 :	소시지 1/2개
검은색 머리 :	70g(초밥 40g + 김자반 20g + 검은깨가루 10g + 참기름)
살구색 얼굴 :	100g(초밥 80g + 다진 하얀색 크래미 20g + 토마토케첩)
데 커 레 이 션 :	김, 당근, 슬라이스 햄

![panda] **Character Design**

①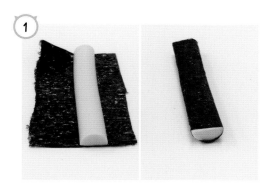

세로로 길게 반으로 자른 소시지를 1/4 김으로 감싸 웃는 입을 만들어요.

②

김 1장 한가운데에 살구색 초밥 30g을 3cm 너비로 고르게 펴요.

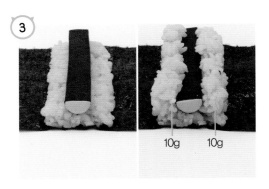

초밥의 가운데에 1번에서 만든 소시지 입을 올리고, 양옆에 살구색 초밥을 10g씩 올려 고정해요.

살구색 초밥 40g을 올려 덮고, 윗부분을 삼각형으로 뾰족하게 만들어요.

1/3 김을 붙이고 삼각형의 꼭짓점을 살짝 꼬집어 모양을 만들어요.

검은색 초밥 60g을 올려 머리를 만들어요.

김으로 동그랗게 말고, 김발을 사용해 한 번 더 모양을 잡아 얼굴 모양 초밥을 만들어요.

1/4 김에 살구색 초밥 10g을 올려 동그랗게 말아요. 나중에 귀가 될 거예요.

1/6 김에 검은색 초밥 10g을 올려 물방울 모양으로 말아요. 나중에 머리카락이 될 거예요.

7번에서 만든 얼굴 모양 초밥에 5등분으로 칼집을 내고 잘라요.

8번에서 만든 초밥을 세로로 길게 자르고 5등분으로 잘라 귀를 만들어요.

9번에서 만든 초밥을 6등분으로 잘라 머리카락을 만들어요.

얼굴 초밥 양옆에 귀 초밥을 붙이고, 여자아이 얼굴에는 양갈래로 머리카락도 붙여주세요.

김으로 눈과 코를 만들고, 지름 0.5cm 빨대로 당근과 슬라이스 햄을 찍어 볼터치를 만들면 웃는 얼굴 초밥이 완성돼요.

민들레 초밥

식탁 위에 노란 민들레가 피었어요.
어디서 향긋한 꽃향기도 나는 것 같은데요?

Food Ingredients

가로 6cm × 세로 5cm

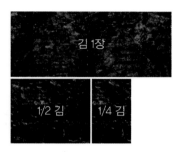

도　　　구 : 기본 도구

민　들　레 : 다진 달걀말이 20g, 당근스틱(길이 10cm) 1개, 오이 1/2개
하얀색 배경 : 180g

Character Design

①

오이 1/2개를 반으로 잘라 준비해요.

🍳 오이는 살짝 소금에 절인 다음, 물기를 완전히 제거
하고 사용해요.

②

김 1장과 1/4 김을 연장한 후, 한가운데에 하얀색
초밥 70g을 15cm 너비로 고르게 펴요.

가운데에 하얀색 초밥 40g을 높이 4cm의 산 모양으로 만들어 올려요. 두 개를 만들어야 해요.

다진 달걀말이 10g을 산과 산 사이에 넣고, 당근스틱을 올려요.

남은 다진 달걀말이 10g으로 당근스틱을 덮어요.

초밥과 다진 달걀말이 위에 1/2 김을 붙여요. 이때 산 모양이 흐트러지지 않게 주의하세요.

산 모양의 뾰족한 부분을 꼬집듯이 잡아 붙여요.

1번에서 자른 오이를 김의 양쪽에 붙여 이파리를 만들고, 하얀색 초밥 30g으로 덮어 고정해요.

9

김을 동그랗게 말고, 김발을 사용해 한 번 더 모양을 잡아요.

10

초밥에 5등분으로 칼집을 내고 자르면, 민들레 초밥이 완성돼요.

꼬야's TIP

동영상을 보면서 따라해보세요.
취향에 따라 초밥에 다양한 재료를 넣어 응용할 수 있어요.

아기 돼지 초밥

꿀꿀꿀, 귀여운 아기 돼지 초밥이에요.
뾰족한 귀와 동글동글한 코가 포인트랍니다.

😊 Food Ingredients

가로 3cm × 세로 3cm

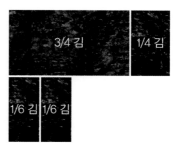

도 구 :	기본 도구, 랩, 빨대(지름 1cm, 0.5cm), 나무꼬치, 김펀치(가위)
하얀색 앞발 :	10g
분홍색 돼지 :	120g(초밥 100g + 다진 하얀색 크래미 20g + 비트초)
데 커 레 이 션 :	분홍소시지, 김

😊 Character Design

1

3/4 김으로 분홍색 초밥 90g을 동그랗게 말아 돼
지 얼굴을 만들어요. 김발을 사용해 한 번 더 모양
을 잡아주세요.

2

1/4 김으로 하얀색 초밥 10g을 동그랗게 말아 앞
발을 만들어요.

③

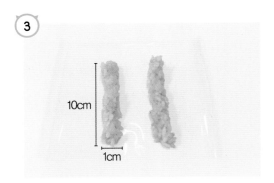

랩을 깔고 그 위에 분홍색 초밥 15g 두 개를 길이 10cm×너비 1cm의 삼각형으로 길쭉하게 펴요.

④

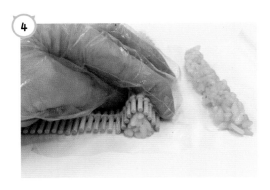

초밥 위를 랩으로 덮고, 김발을 사용해 한 번 더 삼각형 모양으로 잡아요.

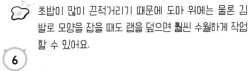
초밥이 많이 끈적거리기 때문에 도마 위에는 물론 김발로 모양을 잡을 때도 랩을 덮으면 훨씬 수월하게 작업할 수 있어요.

⑤

삼각형이 흐트러지지 않도록 조심하면서 1/6 김을 끝부터 천천히 붙여요.

⑥

두 개 다 김으로 덮어 삼각형의 귀를 만들어요.

⑦

1번에서 만든 돼지 얼굴 초밥에 6등분으로 칼집을 내고 잘라요.

⑧

2번에서 만든 앞발 초밥은 세로로 반을 자른 다음, 6등분으로 잘라요.

9

6번에서 만든 귀 초밥도 6등분으로 잘라요.

10

얼굴, 앞발, 귀 초밥을 조합하여 돼지 모양을 만들어요.

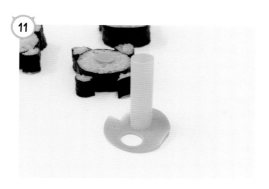

11

지름 1cm 빨대로 분홍소시지를 찍어 돼지 코를 만들어요.

12

김으로 눈과 콧구멍을 만들고, 지름 0.5cm 빨대로 볼터치를 만들면 아기 돼지 초밥이 완성돼요.

오리 초밥

오리, 꽥꽥! 오리, 꽥꽥!
오리 친구들이 줄 맞춰 헤엄을 치고 있어요. 어딜 가는 걸까요?

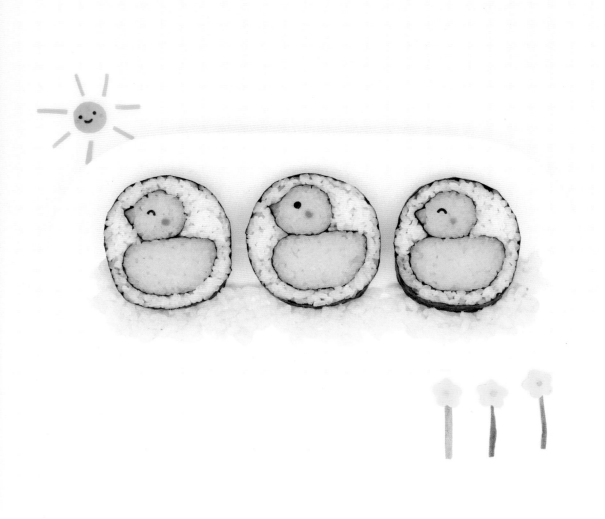

Food Ingredients

가로 5cm × 세로 6cm

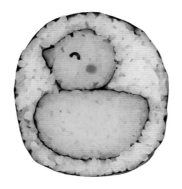

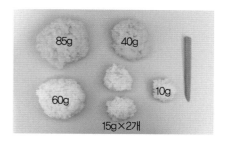

도　　　구 : 기본 도구, 나무꼬치, 김펀치(가위)

오리　부리 : 당근스틱(10cm) 1개

노란색 오리 : 125g(초밥 100g + 다진 달걀말이 25g + 치자초)

하얀색 배경 : 100g(초밥 80g + 다진 하얀색 크래미 20g)

데커레이션 : 김, 토마토케첩

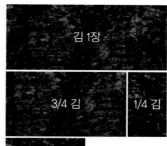

Character Design

①

3/4 김으로 노란색 초밥 85g을 반원으로 말아요.

②

김발을 이용해 한쪽 끝부분을 뾰족하게 꼬집어 오리 몸통을 만들어요.

1/2 김 한가운데에 노란색 초밥 40g을 동그랗게 올리고, 부리가 될 10cm 길이의 당근스틱을 삼각형으로 잘라 올려요.

김을 동그랗게 말아 오리 얼굴을 만들어요. 이때 당근 부리가 초밥에 파묻히지 않도록 모양을 잘 잡아주세요.

김 1장과 1/4 김을 연장한 후, 한가운데에 하얀색 초밥 60g을 15cm 너비로 고르게 펴요.

김발을 U자 모양으로 잡은 다음, 가운데에 2번에서 만든 오리 몸통 초밥과 4번에서 만든 오리 얼굴 초밥을 올려요.

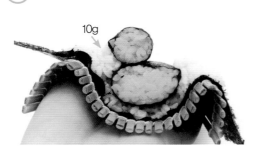

부리 쪽에 하얀색 초밥 10g을 붙여 오리 몸통과 얼굴 초밥을 고정해요.

꼬리 쪽에는 하얀색 초밥 15g을 채워 고정해요.

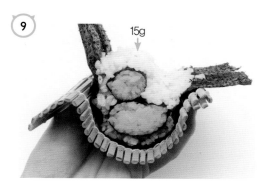

9

15g ↓

남은 하얀색 초밥 15g을 오리 머리에 올려 검은색 김이 보이지 않도록 덮어요.

10

김으로 동그랗게 말아준 다음, 김발을 사용해 한 번 더 모양을 잡아요.

11

초밥에 5등분으로 칼집을 내고 잘라요.

12

김으로 오리의 눈을 만들고, 나무꼬치에 토마토케 첩을 묻혀 볼터치를 찍으면 오리 초밥이 완성돼요.

꼬야's TIP

동영상을 보면서 따라해보세요.
취향에 따라 초밥에 다양한 재료를 넣어 응용할 수 있어요.

병아리 초밥

삐약삐약, 병아리가 이제 막 알에서 깨어났어요.
아직 알에서 벗어나지 못한 모습이 너무 귀여워요.

Food Ingredients

가로 4cm × 세로 6cm

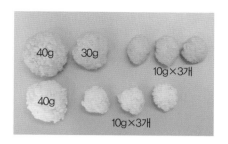

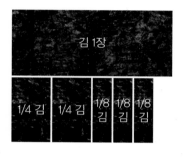

도 구 :	기본 도구, 랩, 빨대(지름 0.5cm), 나무꼬치, 김펀치(가위)
하얀색 달걀 :	70g(초밥 50g + 다진 하얀색 크래미 20g)
노란색 병아리 :	100g(초밥 70g + 다진 달걀말이 20g + 다진 단무지 10g + 참기름 + 치자초)
데커레이션 :	당근, 김

Character Design

①

1/4 김으로 노란색 초밥 10g을 동그랗게 말아요.

②

동그란 초밥을 세로로 길게 자른 다음, 5등분으로
잘라 병아리 날개를 만들어요.

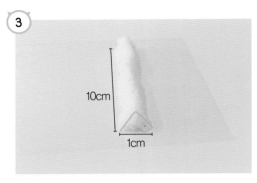

랩을 깔고 그 위에 하얀색 초밥 10g을 길이 10cm ×너비 1cm의 산 모양으로 만들어요.

1/8 김을 세로로 길게 접어 산 모양의 초밥 위에 붙여요. 같은 방법으로 3개를 만들어 나란히 붙여요.

김 1장과 1/4 김을 연장한 다음, 한가운데에 하얀색 초밥 40g을 4cm 너비로 고르게 펴요.

4번에서 만든 산 모양의 초밥을 가운데에 올려요.

뾰족뾰족한 초밥 사이에 노란색 초밥을 10g씩 넣고 채워 평평하게 만들어요.

그 위에 노란색 초밥 40g을 올리고 고르게 펴요.

남은 노란색 초밥 30g을 동그랗게 만든 다음에 초밥의 한가운데에 올려요.

병아리 모양으로 김을 말고, 김발을 사용해 한 번 더 모양을 잡아요.

칼등으로 움푹 들어간 부분을 눌러 병아리 모양을 더욱 뚜렷하게 만든 다음, 5등분으로 칼집을 내고 잘라요.

2번에서 만든 병아리 날개를 움푹 들어간 부분에 붙여요.

지름 0.5cm의 빨대로 당근을 찍어 병아리의 부리를 만들고, 김으로 눈을 만들면 병아리 초밥이 완성돼요.

꼬야's TIP

동영상을 보면서 따라해보세요.
취향에 따라 초밥에 다양한 재료를 넣어 응용할 수 있어요.

구름 초밥

파란 하늘에 하얀 뭉게구름이 몽실몽실~
놀러 가고 싶은 하늘이에요.

Food Ingredients

가로 6cm × 세로 4.5cm

10g×3개
30g
30g
20g×2개

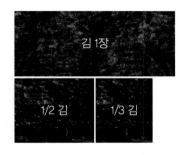

김 1장

1/2 김   1/3 김

도 구 :	기본 도구, 빨대(지름 0.3cm), 핀셋, 김펀치(가위)

하얀색 구름 : 초밥 70g, 하얀색 크래미 40g

파란색 하늘 : 60g(초밥 60g + 청치자초)

데커레이션 : 김, 당근

Character Design

1

1/3 김으로 하얀색 초밥 20g을 동그랗게 말아요.

2

1/2 김으로 하얀색 초밥 30g을 동그랗게 말아요.

1번과 2번에서 만든 초밥을 반으로 잘라요.

🗨 칼끝으로 김을 먼저 터주고 칼등을 눌러 반으로 자르면
쉽게 자를 수 있어요.

김 1장 한가운데에 하얀색 크래미를 손으로 살짝
풀어 4cm 너비로 올려요.

크래미 위에 하얀색 초밥 20g을 고르게 올려요.

3번에서 자른 초밥 중 20g을 나눈 것은 오른쪽에,
30g을 나눈 것은 왼쪽에 붙여요.

칼등으로 초밥의 사이사이를 눌러 경계선을 뚜렷
하게 다듬어요.

초밥 사이사이에 파란색 초밥을 10g씩 넣어 구름
모양을 고정해요.

🗨 파란색 초밥을 만들 때는 초밥과 청치자초를 골고루
섞지 말고, 파란색과 하얀색이 보이게 드문드문 섞어
야 자연스러운 하늘을 만들 수 있어요.

파란색 초밥 30g을 타원형으로 올려 고르게 펴요.

김으로 동그랗게 말고, 김발을 사용해 한 번 더 모양을 잡아요.

초밥에 5등분으로 칼집을 내고 잘라요.

김으로 눈과 입을 만들고, 지름 0.3cm의 빨대로 당근을 찍어 볼터치를 만들면 구름 초밥이 완성돼요.

리본 초밥

앙증맞은 모양 때문에 여자아이들에게 인기가 많은 리본 초밥이에요.
다양한 색으로 만들면 더욱 좋겠죠?

Food Ingredients

가로 3.5cm × 세로 4cm

15g×2개

20g×2개

10g×4개

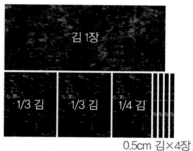

김 1장

1/3 김   1/3 김   1/4 김

0.5cm 김×4장

도   구 : 기본 도구

리 본   끈 : 달걀말이(가로 0.5cm×세로 1cm×길이 10cm) 1개

노란색 리본 : 70g(초밥 50g + 다진 달걀말이 20g + 치자초)

하얀색 배경 : 40g(초밥 20g + 다진 하얀색 크래미 20g)

Character Design

1

1/3 김 한가운데에 노란색 초밥 15g을 삼각형 모양
으로 올려요.

2

0.5cm 너비의 김을 삼각형의 양쪽에 붙여요.

③

10g

왼쪽에 노란색 초밥 10g을 붙여요.

④

10g

오른쪽에도 노란색 초밥 10g을 붙여요. 2번에서 붙인 0.5cm 너비의 김을 덮는다고 생각하면 쉬워요.

⑤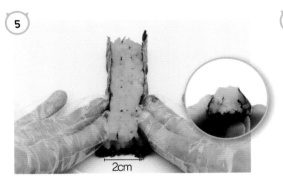

2cm

바닥이 2cm가 되도록 양쪽의 김을 접어 사다리꼴 모양으로 만들어요.

⑥

같은 방법으로 1개를 더 만들어 총 2개를 준비해요.

⑦

1/4 김으로 가로 0.5cm×세로 1cm×길이 10cm로 자른 달걀말이를 돌돌 말아요.

⑧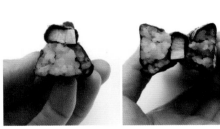

6번과 7번에서 만든 초밥을 합쳐 리본 모양으로 만들어요.

⑨ 리본 모양 초밥 위에 하얀색 초밥 20g을 올려 고정 해요.

⑩ 리본을 뒤집어 반대쪽에도 하얀색 초밥 20g을 올려 고정한 다음, 사각형으로 한 번 더 모양을 잡아요.

⑪ 김 1장에 리본 모양 초밥을 올리고 한 바퀴 감싼 후, 남은 김은 잘라요. 이때, 사각형이 무너지지 않 도록 주의하세요.

⑫ 초밥에 5등분으로 칼집을 내고 자르면 리본 초밥 이 완성돼요.

와이셔츠 초밥

하얀 셔츠에 분홍 넥타이.
항상 우리를 위해 열심히 일하시는 아빠를 위해 만들었어요.

☺ Food Ingredients

가로 4cm × 세로 5cm

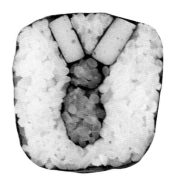

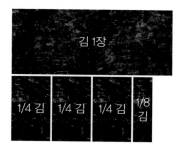

도   구 : 기본 도구

와이셔츠 깃 : 하얀 어묵(가로 1.5cm×세로 0.5cm×길이 10cm) 2개

하얀색 셔츠 : 130g(초밥 100g + 다진 하얀색 크래미 20g + 다진 쌈무 10g)

분홍색 넥타이 : 20g(초밥 20g + 비트초)

☺ Character Design

①

하얀 어묵을 가로 1.5cm×세로 0.5cm×길이 10cm 크기로 두 개 자른 다음, 1/4 김 두 장으로 각각 말아 와이셔츠 깃을 만들어요.

> ☺ Tip! 하얀 어묵이 없다면 하얀 슬라이스 치즈를 겹쳐 사용 해도 좋아요.

②

1cm

김 1장 한가운데에 하얀색 초밥 10g을 1cm 너비의 산 모양으로 올려요.

하얀색 초밥의 산 모양을 살리면서 1번에서 만든
와이셔츠 깃을 붙여요.

10g   10g

1cm   1cm

와이셔츠 깃 양쪽에 하얀색 초밥을 10g씩 1cm 너비
로 붙여 고정해요.

1/8 김으로 분홍색 초밥 5g을 동그랗게 말아요.

1/4 김에 분홍색 초밥 15g을 반만 펴고, 김을 접어
물방울 모양의 넥타이를 만들어요.

4번의 와이셔츠 깃 사이에 5번과 6번에서 만든 넥
타이 초밥을 순서대로 올려요.

넥타이 초밥이 쓰러지지 않도록 한 손으로 받치고,
왼쪽에 하얀색 초밥 40g을 붙여요.

오른쪽에도 하얀색 초밥 40g을 붙여요.

남은 하얀색 초밥 20g을 맨 위에 올려 김을 가리면서 와이셔츠의 너비만큼 사각형으로 펴요.

사각형으로 김을 말고, 김발을 사용해 한 번 더 모양을 잡아요.

초밥에 5등분으로 칼집을 내고 자르면 와이셔츠 초밥이 완성돼요.

블라우스 초밥

핑크핑크한 색감이 매력적인 블라우스 초밥이에요.
얼굴 초밥과 함께 배치하면 더욱 귀여울 거예요.

🐻 Food Ingredients

가로 4cm × 세로 5cm

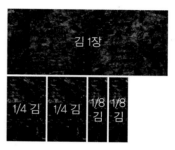

도　　　　구 : 기본 도구, 빨대(지름 0.5cm)

옷깃 & 소맷단 : 소시지(지름 1cm) 1개, 슬라이스 치즈 1/2개
분홍색 블라우스 : 140g(초밥 110g + 다진 하얀색 크래미 30g + 비트초)
데 커 레 이 션 : 슬라이스 치즈

🐻 Character Design

1

소시지를 세로로 길게 반으로 잘라요.

2

자른 소시지를 1/4 김 두 장으로 각각 말아 옷깃을
만들어요.

김 1장 한가운데에 2번에서 만든 소시지 옷깃을 나란히 올려요.

옷깃 양옆에 분홍색 초밥을 10g씩 1cm 너비로 펴요. 블라우스의 어깨 부분이 될 거예요.

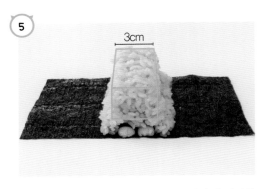

옷깃 위에 분홍색 초밥 90g을 3cm 너비의 사각형으로 쌓아요.

1/8 김 두 장을 방금 쌓은 분홍색 초밥의 양옆에 붙여요.

분홍색 초밥 15g을 1/8 김 옆에 각각 붙여 소매를 만들어요.

슬라이스 치즈를 1cm 너비로 2개 잘라 준비해요.

7번에서 만든 소매 위에 자른 치즈를 올려 소맷단을 만들어요.

블라우스의 형태를 살리면서 김으로 감싸고, 김발을 사용해 한 번 더 모양을 잡아요.

초밥에 5등분으로 칼집을 내고 잘라요.

지름 0.5cm의 빨대로 슬라이스 치즈를 찍어 단추를 만들면, 블라우스 초밥이 완성돼요.

눈사람 초밥

눈이 오면 생각나는 친구가 있어요. 바로 눈사람인데요.
겨울에만 잠깐 만날 수 있어 더욱 반가운 눈사람을 초밥으로 만들어요.

🐼 Food Ingredients

가로 5cm × 세로 6cm

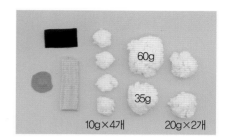

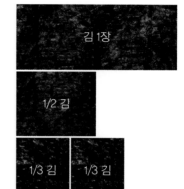

도　　　구 : 기본 도구, 요구르트 빨대(지름 0.2cm), 나무꼬치, 핀셋, 김펀치, 가위

하 얀 색 눈 : 175g(초밥 145g + 다진 하얀색 크래미 30g)

모　　　자 : 달걀말이(사다리꼴 : 아랫변 2cm×윗변 1.5cm×높이 1cm ×길이 10cm) 1개

데 커 레 이 션 : 김, 당근, 다시마

🐼 Character Design

①

1/3 김으로 하얀색 초밥 20g을 동그랗게 말아 눈사람 얼굴을 만들어요.

②

1/2 김으로 하얀색 초밥 35g을 동그랗게 만 다음, 1번의 얼굴과 합쳐 눈사람 모양을 만들어요.

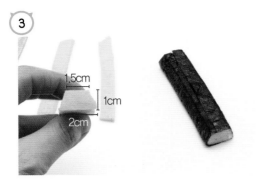

3

달걀말이를 사다리꼴 모양으로 자른 다음, 1/3 김으로 감싸 모자를 만들어요.

4

김 1장 한가운데에 하얀색 초밥 60g을 10cm 너비로 고르게 펴요.

5

초밥의 중앙에 2번에서 만든 눈사람 모양 초밥을 올려요.

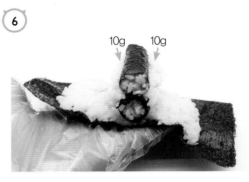

6

초밥을 눈사람 모양으로 고정하기 위해 양쪽 틈새에 하얀색 초밥을 10g씩 붙여요.

7

김발을 U자로 잡고 머리 위에 3번에서 만든 달걀 모자를 올린 다음, 양쪽 틈새에 하얀색 초밥을 10g씩 붙여 모자를 고정해요.

8

남은 하얀색 초밥 20g으로 모자 위를 덮고 김으로 감싸 동그랗게 말아요. 김발을 사용해 한 번 더 모양을 잡아요.

9

초밥에 5등분으로 칼집을 내고 잘라요.

10

다시마를 살짝 물에 담가 말랑하게 만든 다음, 가위로 오려 눈사람의 손을 만들어요.

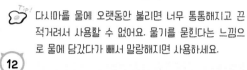

Tip! 다시마를 물에 오랫동안 불리면 너무 통통해지고 끈적거려서 사용할 수 없어요. 물기를 묻힌다는 느낌으로 물에 담갔다가 빼서 말랑해지면 사용하세요.

11

지름 0.2cm의 요구르트 빨대로 당근을 찍어 눈사람의 코를 만들어요.

12

남은 당근을 얇게 잘라 목도리를 만들고, 김으로 눈과 입, 단추를 만들면 눈사람 초밥이 완성돼요.

산타 초밥 ①

메리 크리스마스~
올해는 엄마 아빠 말씀을 잘 들었으니 산타할아버지가 멋진 선물을 주시겠죠?

Food Ingredients

가로 4cm × 세로 6cm

도   구 : 기본 도구, 빨대(지름 0.5cm), 나무꼬치, 김펀치(가위)

하얀색 수염 : 50g(초밥 40g + 다진 하얀색 크래미 10g)

노란색 얼굴 : 35g(초밥 35g + 카레가루 + 치자초)

빨간색 모자 : 30g(초밥 30g + 비트초), 슬라이스 치즈 1장, 소시지 1개

데커레이션 : 김, 당근

Character Design

①

김 1장 한가운데에 하얀색 초밥 50g을 4cm 너비
로 고르게 펴요.

②

하얀색 초밥의 한가운데를 손가락으로 살짝 눌러
오목하게 만들어요.

노란색 초밥 35g을 타원형으로 만들어 오목하게
만든 부분에 올려요.

슬라이스 치즈를 3등분으로 접은 다음, 1/3 김으로
감싸요.

노란색 초밥 위에 김으로 감싼 치즈를 올려요.

빨간색 초밥 30g을 삼각형 모양으로 만들어 치즈
위에 올리고 그 위에 소시지도 올려요.

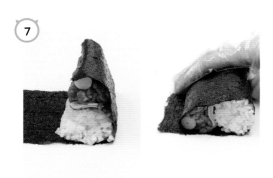

먼저 오른쪽 김을 올려 붙이고 그대로 굴려 모양
이 흐트러지지 않도록 말아요.

김발을 사용해 한 번 더 모양을 잡아요.

초밥에 5등분으로 칼집을 내고 잘라요.

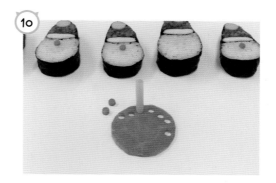

지름 0.5cm의 빨대로 당근을 찍어 산타의 코를 만들고, 김으로 눈과 입을 만들면 산타 초밥 ①이 완성돼요.

산타 초밥 ②

앞에서 만든 산타보다 조금 더 디테일을 살린 산타 초밥이에요.
풍성한 턱수염이 포인트랍니다.

가로 5cm × 세로 5cm

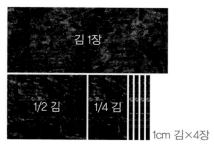

도　　　　구 : 기본 도구, 나무꼬치, 빨대(지름 0.5cm), 김펀치(가위)

빨간색 모자 : 30g(초밥 20g + 다진 하얀색 크래미 10g + 비트초),
　　　　　　소시지 1개, 슬라이스 치즈 1장

노란색 얼굴 : 30g(초밥 30g + 치자초)

하얀색 수염 : 50g

데 커 레 이 션 : 김, 당근

Character Design

1

1/4 김으로 소시지를 말아, 산타 모자의 방울을 만들어요.

2

슬라이스 치즈를 반으로 접은 다음 1/2 김으로 말아, 산타 모자의 털을 만들어요.

③ 김 1장 한가운데에 하얀색 초밥 10g을 1cm의 너비로 올려요.

④ 하얀색 초밥의 양옆에 1cm 너비의 김을 한 장씩 붙여요.

⑤ 방금 붙인 1cm 너비의 김 옆에 하얀색 초밥을 10g씩 1cm 너비로 붙여요.

⑥ 또다시 1cm 너비의 김 2장을 양쪽에 붙이고, 하얀색 초밥도 10g씩 같은 너비와 높이로 붙여 산타의 수염을 만들어요.

⑦ 하얀색 수염 위에 노란색 초밥 30g을 3cm 너비의 타원형으로 올려 얼굴을 만들어요.

⑧ 2번에서 만든 산타 모자 털 치즈를 올려요.

9

빨간색 초밥 30g을 삼각형으로 만들어 치즈 위에 올리고, 1번에서 만든 모자 방울 소시지도 올려요.

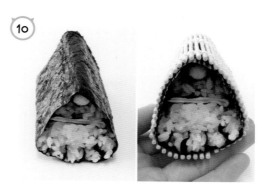

10

김으로 감싼 뒤, 김발을 사용해 한 번 더 모양을 잡아요.

11

초밥에 5등분으로 칼집을 내고 잘라요.

12

지름 0.5cm 빨대로 당근을 찍어 코를 만들고, 김으로 눈과 입을 만들면 산타 초밥 ②가 완성돼요.

×

PART 3

고급

과정이 많이 복잡해졌지만, 초급과 중급을
잘 따라왔다면 문제없어요.
이번에는 캐릭터 캘리포니아롤을
만드는 방법도 수록했답니다.

기차 초밥

칙칙폭폭, 기차 초밥이에요.
초밥을 여러 개 이어서 붙이면 더욱 실감 나는 기차를 만들 수 있어요.

Food Ingredients

가로 7cm × 세로 4cm

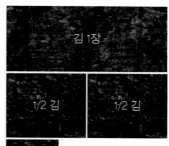

도　　　　구 : 기본 도구, 나무꼬치, 핀셋, 김펀치(가위)

달걀 기 차 : 달걀말이(가로 2.5cm×세로 1.5cm×길이 10cm) 2개

하얀색 하늘 : 90g

갈 색 바 닥 : 70g(현미초밥 50g + 참깨가루 15g + 가쓰오부시가루 5g)

데 커 레 이 션 : 상추 1장, 슬라이스 치즈, 김

Character Design

1/2 김으로 가로 2.5cm×세로 1.5cm×길이 10cm 크기로 자른 달걀말이를 말아요. 두 개 다 말아 기차를 만들어요.

김 1장과 1/3 김을 연장해요.

③

연장한 김의 한가운데에 갈색 초밥 70g을 7cm 너비로 고르게 펴요.

④

갈색 초밥 위에 데커레이션용 상추 한 장을 덮어요.

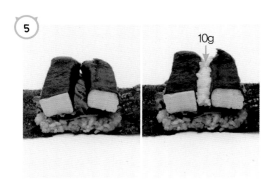

⑤

10g

상추 위에 1번에서 만든 달걀말이 기차 두 개를 올리고, 그 사이에 하얀색 초밥 10g을 넣어 고정해요.

⑥

10g   10g

달걀말이 기차의 양쪽에 하얀색 초밥을 각각 10g씩 붙여 고정해요.

⑦

하얀색 초밥 60g으로 맨 위를 덮어 사각형으로 만들어요.

⑧

김으로 감싼 뒤, 김발을 사용해 한 번 더 모양을 잡아 사각형으로 만들어요.

9

초밥에 5등분으로 칼집을 내고 잘라요.

10

슬라이스 치즈를 0.5×0.5cm 크기로 잘라 창문을 만들고, 김으로 바퀴를 만들면 기차 초밥이 완성돼요.

자동차 초밥

부릉부릉, 자동차를 타고 놀러 갈까요?
안전운전하는 거 아시죠?

🐻 Food Ingredients

가로 6cm × 세로 4cm

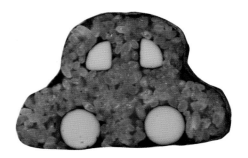

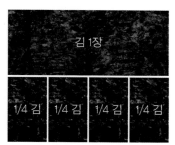

김 1장

1/4 김　1/4 김　1/4 김　1/4 김

도　　　구 : 기본 도구

바　　　퀴 : 소시지(지름 1.2cm) 2개
창　　　문 : 소시지(지름 1.5cm) 1개
빨간색 자동차 : 130g(초밥 90g + 빨간색 날치알 20g + 다진 크래미 20g + 비트초)

🐻 Character Design

1

1/4 김으로 지름 1.2cm 소시지 2개를 각각 말아서
자동차 바퀴를 만들어요.

2

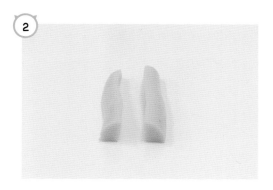

지름 1.5cm 소시지를 4등분으로 잘라요. 이 중에
2개만 사용할 거예요.

(3)

1/4 김으로 2번의 소시지 2개를 각각 말고 남은 김은
잘라 자동차 창문을 만들어요.

(4)

1cm

김 1장 한가운데에 빨간색 초밥 10g을 1cm 너비로
펴요.

(5)

양쪽에 1번에서 만든 자동차 바퀴 소시지를 올려요.

(6)

10g   10g

1cm   1cm

소시지 옆에 빨간색 초밥을 10g씩 올리고 각각
1cm 너비로 펴요.

(7)

7cm

빨간색 초밥 40g을 7cm 너비의 사각형으로 펴요.
6번에서 바닥에 깐 소시지와 초밥을 덮는다고 생각
하면 쉬워요.

(8)

3cm

가운데에 빨간색 초밥 20g을 3cm 너비의 사각형
으로 만들어 올려요.

8번에서 올린 초밥 위에 3번에서 만든 자동차 창문 소시지를 올리고, 사이에 빨간색 초밥 5g을 채워 고정해요.

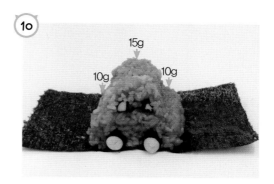

창문 소시지 양옆에 빨간색 초밥을 10g씩 붙이고, 위에는 15g으로 덮어 자동차 모양을 만들어요.

자동차의 곡선을 생각하면서 김으로 감싸고, 김발 을 사용해 한 번 더 모양을 잡아요.

초밥에 5등분으로 칼집을 내고 자르면 자동차 초밥 이 완성돼요.

벚꽃나무 초밥

벚꽃이 흐드러지게 핀 벚꽃나무 초밥이에요.
여기서는 자연스러운 그러데이션이 포인트! 놓치지 마세요.

가로 6cm × 세로 4.5cm

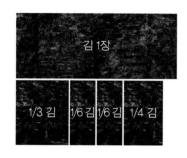

도 구 : 기본 도구

하얀색 배경 :	크래미 2개(50g)
나 무 :	간장 절임 단무지(두께 2cm×길이 10cm) 3개,
	(두께 0.5cm×길이 10cm) 2개
초록색 풀숲 :	20g(초밥 20g + 시금치가루 + 파래김가루)
연분홍색 꽃잎 :	40g(초밥 40g + 비트초)
진분홍색 꽃잎 :	50g(초밥 50g + 비트초)

🐼 Character Design

①

크래미는 빨간색 부분을 벗기고, 하얀색 부분만 손으로 살짝 눌러 풀어주세요.

②

1/3 김으로 두께 2cm×길이 10cm로 자른 간장 절임 단무지 3개를 겹쳐서 하나로 감싸요. 벚꽃나무의 기둥이 될 거예요.

3

1/6 김 두 장에 두께 0.5cm×길이 10cm로 자른 간장 절임 단무지를 각각 1개씩 올려 감싸요. 벚꽃나무의 가지가 될 거예요.

4

김 1장과 1/4 김을 연장해요.

5

연장한 김의 한가운데에 밥풀 한 톨을 뭉개고, 그 위에 2번에서 만든 벚꽃나무 기둥을 세워요.

🍳 *Tip!* 가운데에 밥풀을 뭉개면 밥풀이 접착제 역할을 해 기둥을 수월하게 세울 수 있어요.

6

기둥의 양옆에 초록색 초밥을 10g씩 2cm 너비로 고르게 펴요.

7

1번에서 풀어준 하얀색 크래미를 왼쪽에 20g, 오른쪽에 30g씩 올려요.

8

크래미 위에 3번에서 만든 벚꽃나무 가지를 비스듬히 올려요.

9

연분홍색 초밥 40g으로 크래미와 벚꽃나무 가지를 덮고, 그 위를 진분홍색 초밥 50g으로 고르게 덮어요.

1o

김으로 말고, 김발을 사용해 한 번 더 모양을 잡아요.

11

초밥에 5등분으로 칼집을 내고 자르면 벚꽃나무 초밥이 완성돼요.

꼬야's TIP

동영상을 보면서 따라해보세요.
취향에 따라 초밥에 다양한 재료를 넣어 응용할 수 있어요.

 꼬야's
TIP

나뭇잎의 색을 바꾸면 다양한 나무를 만들 수 있어요.

[사과나무]

[은행나무]

맥주 초밥

황금빛 잔에 새하얀 거품이 가득한 맥주 초밥이에요.
이 맥주는 취하지 않기 때문에 아이들과 함께 먹어도 좋아요.

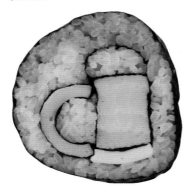
가로 5cm × 세로 6cm

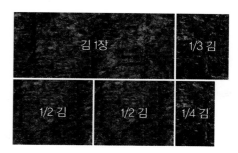

도 구 :	기본 도구

맥 주 잔 : 달걀말이(가로 2cm×세로 3cm×길이 10cm) 1개,
둥근 어묵 1개, 슬라이스 치즈 1장

하얀색 배경 : 80g(초밥 50g + 다진 하얀색 크래미 20g + 다진 쌈무 10g)

파란색 배경 : 70g(초밥 50g + 다진 하얀색 크래미 20g + 청치자초)

Character Design

1

가로 2cm×세로 3cm×길이 10cm로 잘라 준비한
달걀말이를 1/2 김으로 감싸 맥주잔을 만들어요.

2

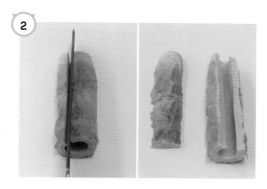

속이 빈 둥근 어묵을 세로로 1/3 정도 잘라요.

3

자른 어묵 중 큰 부분을 1/2 김으로 감싸요. 이때 어묵의 안쪽까지 꼼꼼하게 감싸주세요.

4

어묵 안에 하얀색 초밥 10g을 채워 넣어 맥주잔 손잡이를 만들어요.

5

1/3 김에 하얀색 초밥 20g을 올린 다음, 타원형으로 말아 맥주 거품을 만들어요.

6

슬라이스 치즈를 4등분으로 자른 다음, 2개를 겹쳐, 1번에서 만든 맥주잔 아래에 붙여요.

7

달걀말이 맥주잔에 4번과 5번에서 만든 손잡이와 거품을 붙여 모양을 만들어요. 그다음 맥주잔 손잡이와 거품 사이에 하얀색 초밥 20g을 붙여 고정해요.

8

김 1장과 1/4 김을 연장한 다음, 한가운데에 파란색 초밥 30g을 6cm 너비로 고르게 펴요.

> **Tip** 파란색 초밥을 만들 때는 초밥과 청치자초를 완전히 섞지 말고, 드문드문 섞어야 자연스러운 파란색을 만들 수 있어요.

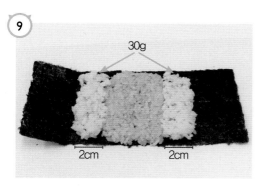

9

30g

2cm   2cm

하얀색 초밥 30g을 반으로 나눠 파란색 초밥 양옆
에 2cm 너비로 고르게 펴요.

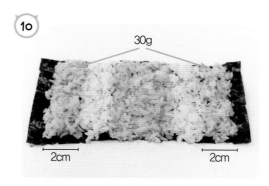

10

30g

2cm   2cm

하얀색 초밥 옆에 파란색 초밥 30g을 반으로 나눠
2cm 너비로 고르게 펴요.

11

가운데의 파란색 초밥 위에 7번에서 만든 맥주잔
초밥을 올리고, 김발을 U자로 만들어요.

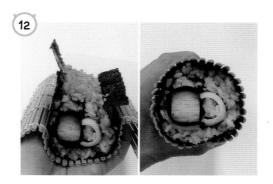

12

맥주 거품 초밥 위에 파란색 초밥 10g을 올려 덮은
다음, 김발을 사용해 동그랗게 말아요.

13

초밥에 5등분으로 칼집을 내고 자르면 맥주 초밥이
완성돼요.

꼬야's TIP

동영상을 보면서 따라해보세요.
취향에 따라 초밥에 다양한 재료를 넣어 응용할
수 있어요.

맥주 짠! 초밥

친구들과 맥주를 마시며 이야기를 나누다 보면 시간이 순식간에 지나가 버려요.
오늘 친구들과 함께 든든한 맥주 한 '짠' 할까요?

 Food Ingredients

가로 6cm × 세로 6cm

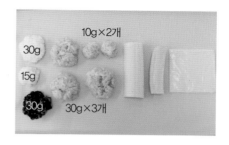

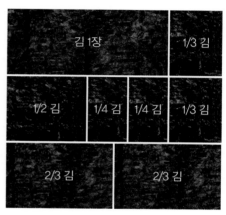

도 구 :	기본 도구, 나무꼬치, 빨대(지름 0.5cm), 김펀치, 가위
맥 주 잔 :	달걀말이(가로 2cm×세로 2.5cm×길이 10cm) 1개, 슬라이스 치즈 1장
어 묵 몸 통 :	하얀 어묵 1/2개
하얀색 얼굴 :	45g
검은색 머리 :	30g(초밥 20g + 김자반 10g)
분홍색 배경 :	110g(초밥 70g + 다진 하얀색 크래미 40g + 비트초)
데 커 레 이 션 :	김, 당근

Character Design

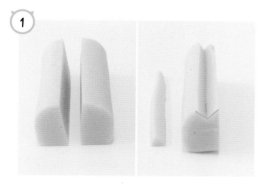

① 하얀 어묵을 반으로 자른 다음, 윗부분을 V자로 잘라내요.

② 2/3 김으로 큰 어묵을 감싸요. 이때 V자로 자른 부분을 신경 써서 붙이세요.

③

김으로 감싼 큰 어묵에 1번에서 잘라낸 어묵 조각을 다시 올려 몸통을 만들어요.

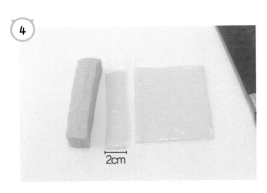

④

2cm

슬라이스 치즈를 달걀말이 너비만큼(2cm) 잘라요.

⑤

1/2 김 오른쪽 끝부분에 자른 슬라이스 치즈를 올리고 한 번 말아요.

⑥

한 번 만 치즈 위에 달걀말이를 올린 다음 그대로 말아 맥주잔을 만들어요.

⑦

1/4 김으로 하얀색 초밥 15g을 타원형으로 말아요. 맥주의 거품이 될 거예요.

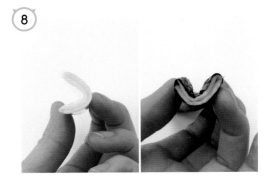

⑧

4번에서 자르고 남은 치즈를 반으로 접고 살짝 구부린 다음, 1/3 김으로 감싸 맥주잔 손잡이를 만들어요.

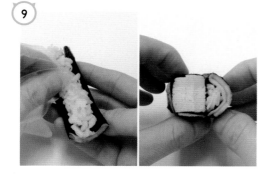

9

손잡이의 움푹 들어간 부분에 분홍색 초밥 10g을 넣어 채운 다음, 6번에서 만든 맥주잔에 붙여요.

10

10g

맥주잔 위에 7번에서 만든 맥주 거품을 올리고, 분홍색 초밥 10g을 붙여 떨어지지 않도록 고정해요.

11

4cm

2/3 김 한가운데에 검은색 초밥 30g을 4cm 너비로 고르게 올려요.

12

김발을 U자로 잡고 검은색 초밥 위에 1/4 김을 덮은 다음, 하얀색 초밥 30g을 올려요.

13

김으로 동그랗게 만 다음, 김발을 사용해 한 번 더 말아 얼굴을 만들어요.

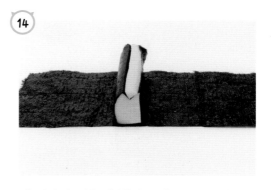

14

김 1장과 1/3 김을 연장한 후, 가운데에 3번에서 만든 어묵 몸통을 올려요.

어묵 몸통 오른쪽에 분홍색 초밥 30g을 3cm 너비로 고르게 펴요.

분홍색 초밥 위에 10번에서 만든 맥주잔을 손잡이가 어묵 몸통을 향하도록 올려요.

어묵 몸통 위에 13번에서 만든 얼굴 초밥을 올리고 왼쪽에 분홍색 초밥 30g을 붙여 고정해요.

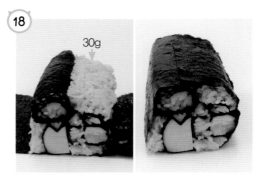

얼굴 초밥의 오른쪽에도 분홍색 초밥 30g을 붙여 고정한 다음, 김으로 말아 사각형으로 만들어요.

초밥에 5등분으로 칼집을 내고 잘라요.

김으로 눈과 입, 몸통을 꾸미고, 지름 0.5cm의 빨대로 당근을 찍어 볼터치를 만들면 맥주 짠! 초밥이 완성돼요.

올림머리 초밥

동글동글한 올림머리를 만들어 보았어요.
위로 묶을 때와 옆으로 묶을 때의 느낌이 달라요.

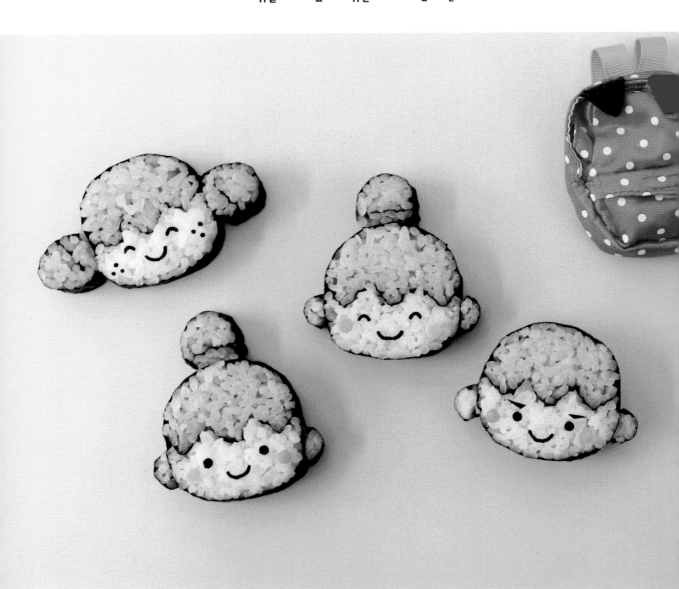

Food Ingredients

가로 4cm × 세로 6cm

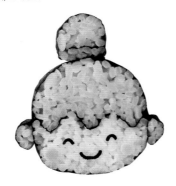

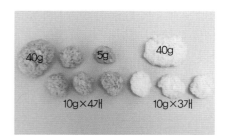

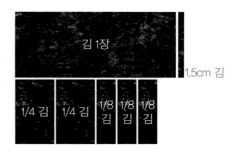

도   구 : 기본 도구, 랩, 나무꼬치, 빨대(지름 0.5cm), 김펀치(가위)

하얀색 얼굴 : 70g(초밥 50g + 다진 쌈무 20g)

분홍색 머리 : 80g(초밥 50g + 다진 하얀색 크래미 30g + 비트초)

초록색 머리끈 : 5g(초밥 5g + 시금치가루)

데 커 레 이 션 : 김, 당근, 슬라이스 햄

Character Design

① 1/4 김으로 하얀색 초밥 10g을 동그랗게 말아요.

② 하얀색 초밥을 세로로 길게 자르고, 6등분으로 잘라 귀를 만들어요.

1.5cm 너비의 김 위에 초록색 초밥 5g을 고르게
펴요.

랩을 깔고 초록색 초밥을 뒤집은 다음, 분홍색 초
밥 10g을 둥글게 올려요.

1/4 김을 초밥 위에 올리고 김발을 사용해 둥글게
모양을 잡아요.

모양을 잡은 초밥을 6등분으로 잘라 올림머리를 만들
어요.

랩을 깔고 분홍색 초밥 10g을 길이 10cm의 산 모양
으로 만든 다음, 1/8 김을 반으로 접어 붙여요.

같은 방법으로 3개를 만들어 나란히 붙이고, 산 모
양 사이사이에 하얀색 초밥을 10g씩 올려 채워요.

하얀색 초밥 40g을 둥글게 올리고, 김 1장으로 덮어요.

김발로 초밥을 잡고 뒤집어 U자로 만든 다음, 분홍색 초밥 40g을 둥글게 올려요.

김을 동그랗게 말고, 김발로 한 번 더 모양을 잡아 얼굴을 만들어요.

얼굴 초밥에 5등분으로 칼집을 내고 잘라요.

2번에서 만든 귀 초밥과 6번에서 만든 올림머리 초밥을 얼굴 초밥에 붙여요.

김으로 눈과 입을 만들고, 지름 0.5cm의 빨대로 당근과 슬라이스 햄을 찍어 볼터치를 만들면 올림머리 초밥이 완성돼요.

보름달 토끼 초밥

동그란 보름달에 토끼가 까꿍, 인사를 해요.
보름달을 보면서 소원을 빌면 토끼가 들어줄 거예요.

🐻 Food Ingredients

가로 7cm × 세로 5cm

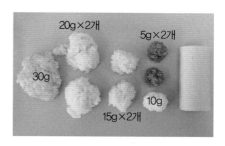

도　　　　구: 기본 도구, 빨대(지름 0.7, 0.5cm), 나무꼬치, 김펀치, 가위

하얀색　얼굴: 둥근 어묵(높이 2cm × 길이 10cm) 1개

하얀색 토끼, 배경: 80g(초밥 50g + 다진 하얀색 크래미 30g)

분 홍 색　귀: 10g(초밥 10g + 비트초)

노 란 색　달: 30g(초밥 30g + 치자초)

데 커 레 이 션: 김, 슬라이스 햄

🐻 Character Design

①

1/4 김으로 하얀색 초밥 10g을 동그랗게 말아요.

②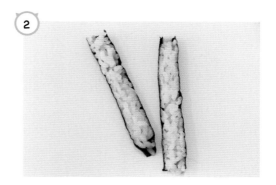

초밥을 길게 반으로 잘라 토끼 손을 만들어요.

3

하얀색 둥근 어묵을 2cm로 높이로 자르고, 2/3 김으로 감싸 토끼 얼굴을 만들어요.

4

1/3 김에 하얀색 초밥 15g을 고르게 펴요.

5

분홍색 초밥 5g을 한쪽에만 올리고 반으로 접어요.

6

같은 방법으로 하나를 더 만들어 토끼 귀를 만들어요.

7

김 1장과 1/3 김을 연장한 후, 한가운데에 3번에서 만든 토끼 얼굴 어묵을 놓고 양쪽에 2번에서 만든 토끼 손 초밥을 올려요.

8

얼굴 어묵 위에 6번에서 만든 토끼 귀 초밥을 올리고, 양쪽에 하얀색 초밥을 20g씩 붙여 위까지 고정해요.

9

노란색 초밥 30g을 초밥에 전체적으로 덮어 반원
으로 만들어요.

10

김으로 말고, 김발을 사용해 한 번 더 모양을 잡아요.

11

초밥에 5등분으로 칼집을 내고 잘라요.

12

지름 0.7cm와 0.5cm의 빨대로 슬라이스 햄을 찍
어 코와 볼터치를 만들고, 김으로 얼굴을 꾸미면
보름달 토끼 초밥이 완성돼요.

에디 초밥

꼬마아이들의 영원한 친구 에디를 초밥으로 만들었어요.
이렇게 좋아하는 캐릭터를 초밥으로 만들어 주면 아이들이 아주 좋아해요.

🐻 Food Ingredients

가로 6cm × 세로 6cm

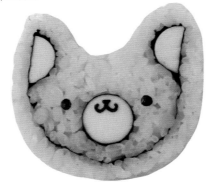

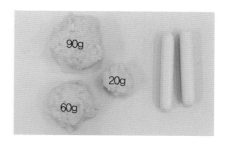

도 구 :	기본 도구, 랩, 나무꼬치, 빨대(지름 0.5cm), 김펀치(가위)
귀 & 입 :	소시지 2개
노란색 얼굴 :	170g (초밥 120g + 다진 달걀말이 20g + 다진 하얀색 크래미 20g + 다진 단무지 10g + 치자초)
데커레이션 :	김, 당근

🐻 Character Design

1/3 김으로 소시지 1개를 말아요. 나중에 입이 될 거예요.

김 1장에 노란색 초밥 90g을 올려 고르게 펴요.

③ 초밥 위에 랩을 덮고 그대로 뒤집어 김이 보이게 해주세요.

④ 남은 소시지 1개를 길게 반으로 잘라, 뒤집은 김의 양쪽에 놓아요.

⑤ 김의 양쪽 끝을 접어서 소시지를 덮어주세요. 랩을 덮은 채로 말아야 쉽게 말 수 있어요.

20g

⑥ 윗부분의 랩을 벗기고 가운데의 비어있는 부분에 노란색 초밥 20g을 고르게 펴요.

⑦ 1번에서 만든 소시지 입을 한가운데에 올려요.

⑧ 소시지 위로 노란색 초밥 60g을 볼록한 산 모양으로 덮어요.

9

김발을 U자로 잡고 초밥을 살짝 말아 모양을 잡아요.

10

랩을 덮고 귀를 뾰족하게 만든 다음, 김발을 사용해 한 번 더 모양을 잡아요.

11

초밥에 4등분으로 칼집을 내고 잘라요.

Tip!
초밥을 자를 때, 랩을 벗기지 않은 상태로 잘라야 김발에 밥풀이 달라붙지 않아요.

12

김으로 눈·코·입을 만들고, 지름 0.5cm 빨대로 당근을 찍어 볼터치를 만들면 에디 초밥이 완성돼요.

꼬야's TIP

동영상을 보면서 따라해보세요.
취향에 따라 초밥에 다양한 재료를 넣어 응용할 수 있어요.

미니언즈 초밥

작고 귀여운 악당, 미니언즈 초밥이에요.
알아들을 수 없는 외계어를 남발하지만 오히려 그 모습이 너무 귀여워요.

가로 4cm × 세로 6cm

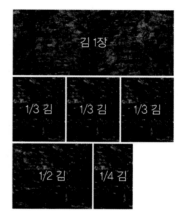

도 구 : 기본 도구, 나무꼬치, 빨대(지름 0.5cm), 김펀치, 가위
미니언즈 안경 : 소시지 1개
미니언즈 몸 : 달걀말이(가로 2cm×세로 1cm×길이 10cm) 1개
미니언즈 얼굴 : 달걀말이(가로 4cm×세로 2cm× 길이 10cm) 1개
노 란 색 얼 굴 : 20g(초밥 20g + 치자초)
파 란 색 옷 : 100g(초밥 100g + 청치자초)
데 커 레 이 션 : 김, 당근

Character Design

1

1/3 김에 소시지를 올려 감싸요. 나중에 미니언즈의 안경이 될 거예요.

2

가로 2cm×세로 1cm×길이 10cm의 달걀말이를 세로로 길게 자른 다음, 1/3 김으로 각각 말아 미니언즈의 몸을 만들어요.

3

김 1장과 1/4 김을 연장한 다음, 가운데에 파란색 초밥 50g을 4cm 너비로 고르게 펴요.

4

파란색 초밥 양쪽 끝에 2번에서 만든 미니언즈 몸을 올려요.

5

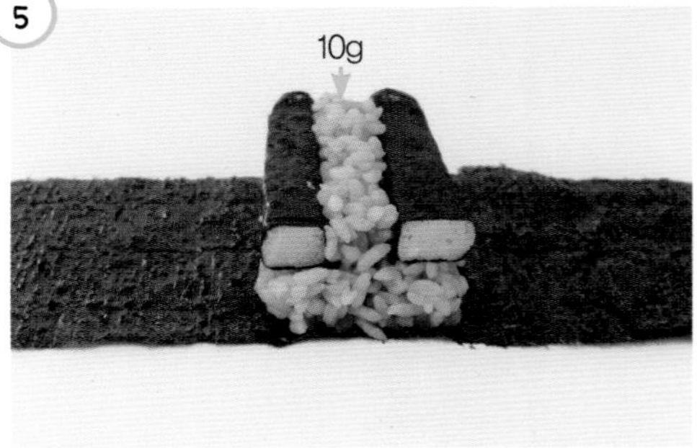

달걀말이 미니언즈 몸 사이에 파란색 초밥 10g을 넣어 채워요.

6

남은 파란색 초밥 40g을 그 위에 올려 사각형으로 만들고, 가운데를 살짝 눌러 홈을 만들어요.

7

1/2 김으로 초밥을 감싸요. 이때 윗부분의 모서리를 접어 사각형을 뚜렷하게 만들어요.

8

가로 4cm×세로 2cm×길이 10cm의 달걀말이를 올려 미니언즈의 얼굴을 만들어요.

9 노란색 초밥 20g을 얼굴 달걀말이 위에 둥그렇게 올려요.

10 초밥을 김으로 감싼 다음 김발을 사용해 모양을 잡고, 5등분으로 칼집을 내 잘라요.

11 데커레이션용 김을 0.5cm 너비로 여러 개 잘라 미니 언즈의 안경테를 만들어요.

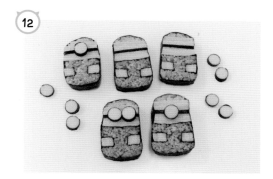

12 1번에서 만든 소시지를 0.5cm 간격으로 잘라 김 안경테 위에 올려 미니언즈의 안경을 만들어요.

13 김으로 눈과 입을 만들고, 지름 0.5cm 빨대로 당 근을 찍어 볼터치를 만들면 미니언즈 초밥이 완성 돼요.

꼬야's TIP
동영상을 보면서 따라해보세요.
취향에 따라 초밥에 다양한 재료를 넣어 응용할 수 있어요.

스머프 초밥

La la lala lala Sing a happy song~ ♬
스머프 초밥과 함께 스머프 마을로 놀러가요.

가로 6cm × 세로 7cm

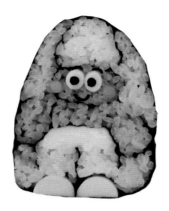

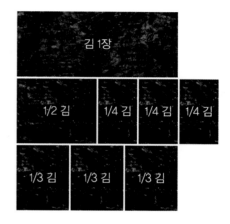

도   구 : 기본 도구, 랩, 나무꼬치, 빨대(지름 0.7cm, 0.5cm), 김펀치(가위)

스머프 허리띠 : 슬라이스 치즈 1장

스머프 신발 : 소시지 1개

하얀색 모자&발 : 50g(초밥 40g + 다진 하얀색 크래미 10g)

파란색 얼굴&몸 : 75g(초밥 50g + 다진 하얀색 크래미 25g + 청치자초)

노 란 색 배 경 : 80g(초밥 40g + 다진 달걀말이 20g + 다진 단무지 20g + 치자초)

데 커 레 이 션 : 김, 당근, 슬라이스 치즈

Character Design

1

1/4 김에 파란색 초밥 15g을 반만 펼친 후, 접어 물방울 모양으로 만들어요. 같은 방법으로 하나 더 만들어 스머프 팔을 만들어요.

2

1/2 김으로 파란색 초밥 25g을 말아 타원형의 스머프 얼굴을 만들어요.

③

1/3 김 한가운데에 하얀색 초밥 25g을 올리고 김을 접어요. 이때 맨 위까지 김을 감쌀 필요는 없어요.

④

랩을 깔고 접은 초밥을 뒤집은 다음, 김발을 사용해 삼각형으로 만들어요. 나중에 스머프의 모자가 될 거예요.

⑤

김 1장과 1/3 김을 연장한 다음, 한가운데에 소시지를 세로로 길게 잘라 올려요. 소시지 사이에는 1/4 김을 반으로 접어 끼워요.

⑥

25g

소시지 위에 하얀색 초밥 25g을 반으로 나눠 소시지 너비와 김의 높이만큼 올려 스머프 발을 만들어요.

⑦

슬라이스 치즈 1장을 3등분으로 접은 다음 발 위에 올려요.

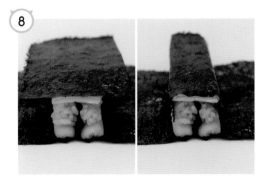

⑧

1/3 김을 치즈 위에 올리고 아래쪽으로 접어 허리와 다리선을 만들어요.

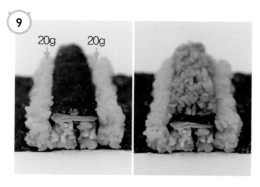

다리 옆에 치즈 높이까지 노란색 초밥을 20g씩 붙이고, 치즈 위에는 파란색 초밥 20g을 산 모양으로 올려요.

1번에서 만든 스머프 팔을 파란색 초밥의 양옆에 붙이고, 2번에서 만든 얼굴을 올려요.

4번에서 만든 스머프 모자를 올리고, 양옆에 노란색 초밥을 각각 20g씩 붙여 스머프 모양으로 고정해요.

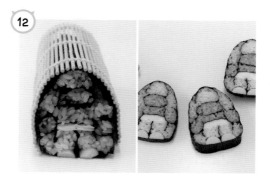

김으로 감싸고 김발을 사용해 둥근 삼각형 모양으로 만든 다음, 5등분으로 칼집을 내 잘라요.

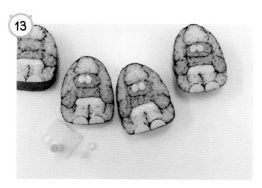

지름 0.7cm의 빨대를 살짝 눌러 타원형으로 만든 후, 슬라이스 치즈를 찍어 스머프의 눈을 만들어요.

김으로 눈동자와 입, 눈썹을 만들고, 지름 0.5cm의 빨대로 당근을 찍어 볼터치를 만들면 스머프 초밥이 완성돼요.

캐릭터 캘리포니아롤

지금까지는 단면이 예쁜 캐릭터 초밥을 만들었다면
이번에는 초밥 한 줄이 캐릭터가 되는 캘리포니아롤을 만들어보아요.

🐻 Food Ingredients

지름 8cm × 길이 10cm

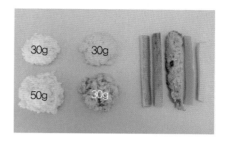

김 1장

도　　　구 : 기본 도구, 랩, 나무꼬치, 빨대(지름 1cm, 0.7cm),
　　　　　　김펀치(가위)

하얀색 초밥 : 80g

노란색 초밥 : 30g(초밥 30g + 치자초)

분홍색 초밥 : 30g(초밥 30g + 비트초)

속　재　료 : 새우튀김, 맛살, 오이, 단무지, 달걀, 소스

데 커 레 이 션 : 김, 슬라이스 햄, 당근, 소시지

🐻 Character Design

① 김 1장을 가로로 놓고, 김을 3등분하여 가운데에
하얀색 초밥 30g을 고르게 펴요.

② 위에는 노란색 초밥 30g을, 아래에는 분홍색 초밥
30g을 각각 고르게 펴요.

3

초밥 위에 랩을 깔고 그대로 뒤집어요.

4

뒷면에 하얀색 초밥 50g을 전체적으로 고르게 펴요.

5

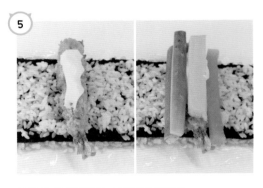

초밥의 한가운데에 속재료를 올려요.

🍞 속재료는 원하는 재료를 다양하게 올려도 좋아요.

6

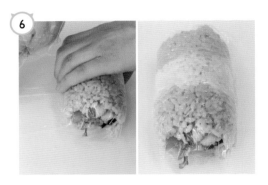

3번에서 깔았던 랩을 이용해 오른쪽부터 천천히 말고, 풀어지지 않도록 랩으로 꽉 말아둬요.

7

초밥이 고정되면 랩을 풀고 지름 1cm와 0.7cm의 빨대로 슬라이스 햄과 당근, 소시지 등의 재료를 찍어 캐릭터를 꾸며요.

8

김으로 캐릭터의 눈, 코, 입을 만들면 캐릭터 캘리포니아롤이 완성돼요.

캘리포니아롤을 자를 때는 랩을 덮은 상태에서 김발로 잡고 잘라주세요.
랩을 벗기고 자르면 김발에 밥풀이 붙어 모양이 흐트러져요.

초밥의 색깔을 다르게 하거나 다른 캐릭터를 응용하면 새로운 캘리포니아롤을 만들 수 있어요.

[크리스마스 캘리포니아롤]

[디즈니 캘리포니아롤]

키티 캘리포니아롤

캘리포니아롤에 캐릭터를 더해볼까요?
이번에는 모양틀로 찍어 만들어봤어요.

지름 8cm × 길이 10cm

김 1장

도 구	:	기본 도구, 랩, 밀대, 곰돌이 모양틀, 나무꼬치, 빨대 (지름 0.7cm), 김펀치(가위)

하얀색 초밥 : 90g

분홍색 초밥 : 90g(초밥 90g + 비트초)

속 재 료 : 새우튀김, 오이, 달걀, 단무지, 맛살, 소스

데 커 레 이 션 : 김, 슬라이스 햄, 당근, 달걀지단

🐻 Character Design

1

김 1장 위에 랩을 덮고 랩 위에 분홍색 초밥 90g을 올려 김의 넓이만큼 고르게 펴요.

2

분홍색 초밥 위에 다시 랩을 덮고 밀대로 밀어 평평하게 만들어요.

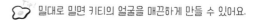 밀대로 밀면 키티의 얼굴을 매끈하게 만들 수 있어요.

③ 랩을 20cm 정도의 길이로 잘라 한쪽에 하얀색 초밥 40g을 가로 7cm × 세로 10cm 너비로 편 후, 랩을 반으로 접어요.

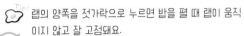
Tip! 랩의 양쪽을 젓가락으로 누르면 밥을 펼 때 랩이 움직이지 않고 잘 고정돼요.

④ 하얀색 초밥 역시 밀대로 밀어 평평하게 만들어요.

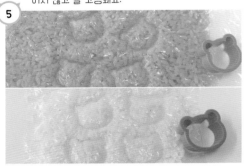

⑤ 랩을 덮은 상태 그대로 곰돌이 모양틀을 찍어, 곰돌이 모양 4개를 만들어요.

⑥ 윗부분만 랩을 벗기고 분홍색 초밥에 하얀색 곰돌이 모양 초밥을 바꿔 끼워요.

⑦ 초밥 위에 김 1장을 덮은 다음, 하얀색 초밥 50g을 전체적으로 고르게 펴요.

⑧ 초밥의 한가운데에 속재료를 올려요.
Tip! 속재료는 원하는 재료를 다양하게 올려도 좋아요.

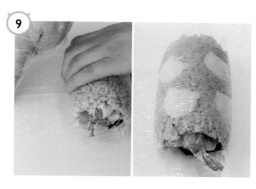

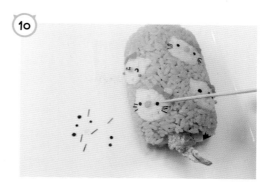

랩을 이용해 오른쪽부터 천천히 말고, 풀어지지 않
도록 랩으로 꽉 말아둬요.

초밥이 고정되면 랩을 풀고 슬라이스 햄과 당근,
달걀지단 등으로 키티 얼굴을 꾸미고, 김으로 눈과
수염을 만들면 키티 캘리포니아롤이 완성돼요.

꼬야's TIP

동영상을 보면서 따라해보세요.
취향에 따라 초밥에 다양한 재료를 넣어 응용할
수 있어요.

꼬야's TIP

모양틀을 바꾸거나 꾸미는 방법을 다르게 하면 다양한 캘리포니아롤을 만들 수 있어요.

[호빵맨 캘리포니아롤]

[곰돌이, 고양이 캘리포니아롤]

캐릭터 김밥 아트
민간자격증

캐릭터 김밥 아트 자격증은 한국예술명인협회와 국제푸드아트협회에서 주관하고 한국직업능력개발원에서 발급하는 민간자격증입니다. 2급 〉 1급 〉 마스터 강사 순으로 취득할 수 있으며, 마스터 강사가 되면 캐릭터 김밥 아트의 전문강사가 되어 교육을 진행할 수 있습니다.

한국 캐릭터 김밥 아트 교육 이수 과정에서 일본 데코스시협회(日本 デコずし協会)에서 주관하고 발급하는 '데코마끼스시 2급(デコ巻きずし 2級)국제자격증'을 취득할 수 있습니다.

캐릭터 김밥 아트 1급 / 2급 / 마스터 강사 자격증

데코마끼스시 1급 / 2급 자격증

▶ **캐릭터 김밥 아트 자격증은 이런 분들에게 도움이 됩니다.**

　　+ 요리나 푸드 아트에 관심이 많은 분

　　+ 창업을 하거나 푸드 아트 전문 강사를 희망하는 분

　　+ 아기자기한 것을 좋아하는 분

　　+ 사랑하는 사람에게 나만의 특별한 도시락을 선물하고 싶은 분

　　+ 나만을 위한 '푸드 테라피'를 원하는 분

　　+ 아이의 편식이 너무 심해 걱정인 분

▶ 검정 기준

준전문가 수준의 캐릭터 김밥 아트 활용능력을 갖추고 있으며, 일반인 대상 캐릭터 김밥 아트 입문 과정을 수행할 수 있고, 캐릭터 김밥 아트 관련 업무를 수행할 수 있는 기본적 역량을 검증함.

▶ 검정 방법 및 검정 과목

등급	검정 방법	검정 과목 (분야 또는 영역)
2급	교육 이수	주 차별로 강의 진행 1주 차 : 초밥 만들기와 캐릭터 김밥의 기본 요령 습득 2주 차 : 김발을 활용한 보다 정교한 캐릭터 김밥 3주 차 : 다양한 재료를 활용한 화려한 색감의 김밥 4주 차 : 자신만의 캐릭터 김밥을 만들 수 있는 역량 확인
	실 기 (12종)	1주 차 : 꽃 김밥, 토끼 김밥, 딸기 김밥 2주 차 : 하트 곰돌이 김밥, 미니언즈 김밥, 누드 곰돌이 김밥 3주 차 : 사탕 김밥, 산타 김밥, 신데렐라 김밥 4주 차 : 펭귄 김밥, 캐릭터 캘리포니아롤, 소년소녀 김밥

캐릭터 김밥 아트 1급

▶ 검정 기준

전문가 수준의 캐릭터 김밥 아트 활용능력을 갖추고 있으며, 일반인 대상 캐릭터 김밥 아트 고급 과정을 수행할 수 있고, 캐릭터 김밥 아트 관련 업무 책임자로서 갖추어야 할 능력을 검증함.

▶ 검정 방법 및 검정 과목

등급	검정 방법	검정 과목 (분야 또는 영역)
1급	응시 자격	한국 캐릭터 김밥 아트 2급 자격증을 취득한 사람
	교육 이수	* 2주 과정으로 강의 진행 * 2급에서 배운 기본기법을 바탕으로 이야기를 담은 캐릭터 김밥 수료
	실 기 (8종)	1주 차 : 산타와 보자기 김밥, 프랑켄슈타인 김밥, 라벤더 김밥, 소방차 김밥 2주 차 : 생크림케이크 김밥, 벚꽃나무 김밥, 맥주한잔 김밥, 프렌치불독 김밥

캐릭터 김밥 아트 마스터 강사

▶ 검정 기준

고급 전문가 수준의 뛰어난 캐릭터 김밥 아트 창작능력을 바탕으로, 전문강사 육성/작품 개발/검정 운영을 수행할 수 있는 능력을 검증함.

▶ 검정 방법 및 검정 과목

등급	검정 방법	검정 과목 (분야 또는 영역)
마 스 터	응시 자격	한국 캐릭터 김밥 아트 1급 자격증을 취득한 사람
	실기	50종의 검정 대상 아이템 중 2개 임의 검증

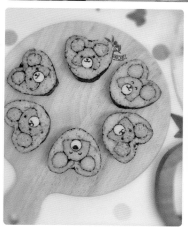

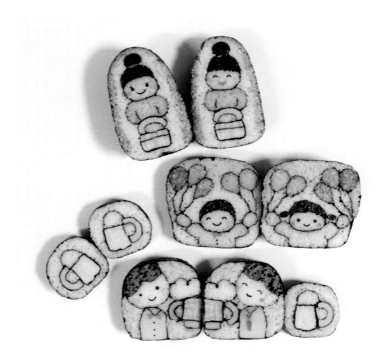

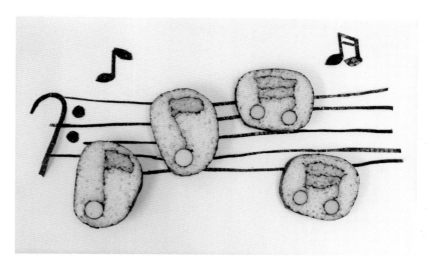

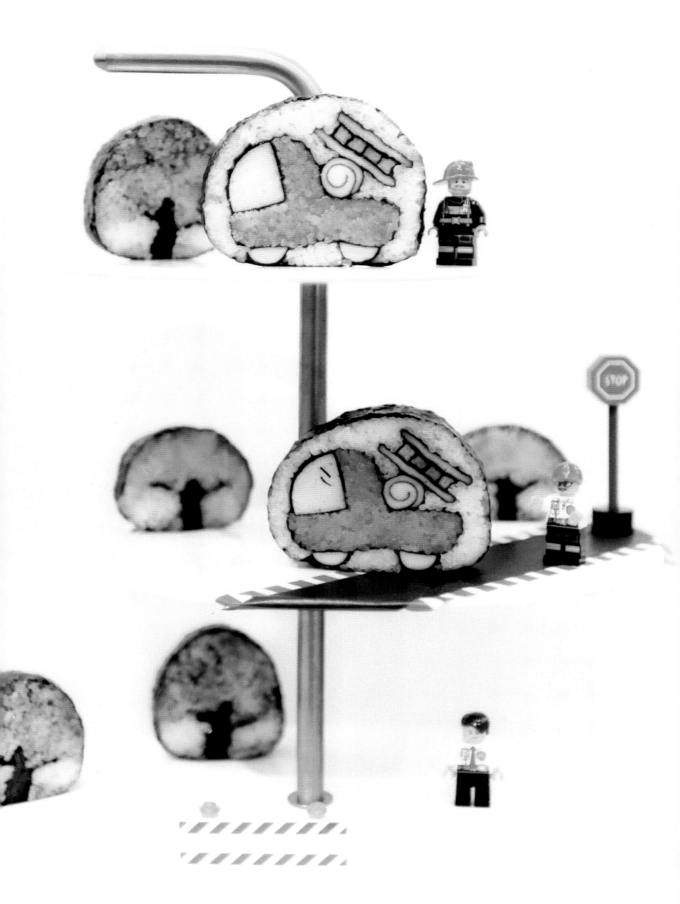

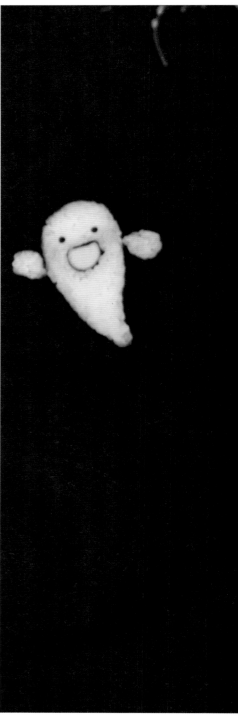

반으로 자르면 나타나는 귀여운 초밥의 세계

꼬야의 캐릭터 초밥 아트

초 판 발 행 일	2020년 11월 20일
발 행 인	박영일
책 임 편 집	이해욱
저 자	이연화
편 집 진 행	강현아
표 지 디 자 인	박수영
편 집 디 자 인	신해니
발 행 처	시대인
공 급 처	(주)시대고시기획
출 판 등 록	제 10-1521호
주 소	서울시 마포구 큰우물로 75 [도화동 538 성지 B/D] 6F
전 화	1600-3600
팩 스	02-701-8823
홈 페 이 지	www.sidaegosi.com
I S B N	979-11-254-8233-8[13590]
정 가	18,000원

시대인은 종합교육그룹 (주)시대고시기획 · 시대교육의 단행본 브랜드입니다.